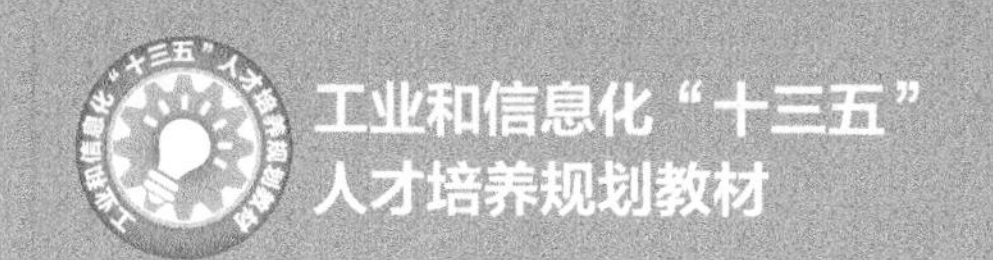

算法设计基础

The Basis of Algorithm Design

汪江桦 汤建国 ◎ 编著

人 民 邮 电 出 版 社
北 京

图书在版编目（CIP）数据

算法设计基础 / 汪江桦，汤建国编著. -- 北京 ：
人民邮电出版社，2020.6
工业和信息化“十三五”人才培养规划教材
ISBN 978-7-115-53583-2

Ⅰ. ①算… Ⅱ. ①汪… ②汤… Ⅲ. ①算法设计－高
等学校－教材 Ⅳ. ①TP301.6

中国版本图书馆CIP数据核字(2020)第043279号

内容提要

本书从算法设计策略和算法实际应用两方面入手，较为全面地介绍了6类常用的算法：蛮力法、分治法、贪心法、动态规划法、回溯法和分支限界法。本书以“算法设计基础知识+算法经典应用案例”为主线，循序渐进地讲解了各章内容，由浅入深地分析了各类算法的特点，帮助读者理解算法的基本概念、掌握算法的关键设计步骤和了解算法所适用的问题。本书每章均配有相关习题和实训内容。通过练习与实践，读者可巩固所学的内容。

本书可以作为计算机相关专业算法设计与分析课程的教材，也适合计算机软件开发人员和广大计算机爱好者自学使用。

◆ 编　　著　汪江桦　汤建国
责任编辑　祝智敏
责任印制　王　郁　马振武
◆ 人民邮电出版社出版发行　　北京市丰台区成寿寺路11号
邮编　100164　　电子邮件　315@ptpress.com.cn
网址　https://www.ptpress.com.cn
固安县铭成印刷有限公司印刷
◆ 开本：787×1092　1/16
印张：10.75　　2020年6月第1版
字数：252千字　　2024年12月河北第9次印刷

定价：38.00元

读者服务热线：(010)81055256　印装质量热线：(010)81055316
反盗版热线：(010)81055315
广告经营许可证：京东市监广登字20170147号

前言 FOREWORD

算法是软件设计和网络管理等重要技术的核心，其对计算机科学的发展有着重要的推动作用。高等院校开设算法设计相关课程的目的在于培养和提升学生分析并解决问题的能力，提高学生软件开发的水平与效率，进而激发学生主动思考解决问题的创新方法。

本书对各类算法的介绍深入浅出、通俗易懂，注重理论与实践相结合。为了适应高等院校的人才培养模式，本书各章均配套相关的实训内容，以增强学生学有所得和学有所用的体验，激发学生学习算法设计相关知识的兴趣。

1. 章节结构

本书共包含 7 章内容。

第 1 章　概论：介绍了算法的基本概念，包括算法的含义、作用、特性、描述和设计步骤；此外，还介绍了算法分析的基本方法。

第 2 章　蛮力法：介绍了蛮力法的概念与特点，讨论了运用蛮力策略解决几类常见排序问题的设计思想，并介绍了与蛮力法相关的几个经典问题。

第 3 章　分治法：介绍了递归技术和分治法的基本思想，以及分治法在快速排序、二路归并排序和二分查找等问题中的应用。

第 4 章　贪心法：介绍了贪心法的基本思想，以及贪心法在哈夫曼树、最小生成树等中的应用，讨论了贪心法用于解决背包问题、田忌赛马问题和多机调度问题时的算法设计与实现。

第 5 章　动态规划法：介绍了动态规划法的基本知识，讨论了动态规划法用于解决斐波那契数列、数字塔问题和凑硬币问题等时的算法设计与实现。

第 6 章　回溯法：介绍了问题的解空间的概念和回溯法的基本思想，讨论了回溯法在背包问题等中的应用。

第 7 章　分支限界法：介绍了分支限界法的基本思想及应用方法，讨论了分支限界法在解决电路布线和任务分配等问题时的算法设计与实现。

2. 本书特色

编者根据多年在算法教学过程中所积累的经验，编排本书时力求突出以下特色。

（1）理论难度适当、实训任务充实

针对高等院校教学的特点，本书理论内容的设计难度适宜，突出了实训内容的教学设计，以加强学生运用所学算法知识解决实际问题的意识与能力。

（2）案例分析翔实、易懂

为了让学生更好地体会书中算法的易学与易用性，本书给出了很多案例分析素材，并对它们进行了详细的讲解，以提高学生学习算法的兴趣，使学生能够更好地了解如何使用算法解决实际问题。

（3）注重问题导向的学习内容设计

本书将各种算法应用于多个有趣的现实问题的解决过程中，以问题为导向来促进学生思考并体会算法的精妙之处与用途，进而提升其学习效果。

（4）注重算法之间的共性与个性的比较

在不同算法的案例分析中，既有对各类算法解决相同问题的设计分析，也有对各类算法适宜解决问题的案例分析，这可使学生深刻体会所学算法间的相似与差异，从而更好地掌握各类算法的根本特点与使用场景。

本书由汪江桦与汤建国共同编著而成，其中，汪江桦编写了第 1、3、4、7 章，汤建国编写了第 2、5、6 章。

由于编者水平有限，书中不妥之处在所难免，故编者殷切希望广大读者及同行专家能够批评指正，并拨冗反馈所发现的不妥之处，以便编者尽快更正。编者 E-mail：tjguo@126.com。

编　者

2020 年 5 月

目录 CONTENTS

1 Chapter

第1章 概论

本章导读：

图灵奖的获得者尼古拉斯·沃斯（Niklaus Wirth）说过一句计算机界的名言，即“算法+数据结构=程序”，由此可见算法是程序的灵魂。对于同一问题的求解算法可能有很多种，通常需要通过算法分析来判定算法的优劣。

（1）理解算法的基本概念；

（2）掌握算法的描述方法；

（3）掌握算法设计的基本步骤；

（4）掌握算法的时间复杂度与空间复杂度的分析方法。

1.1 算法的基本概念

1.1.1 算法的含义

算法和我们的生活息息相关。从广义的角度来说，算法是为了解决某一问题而采用的方法与步骤。例如：对于乐队来说，乐谱就是他们进行演奏和指挥的算法；对于厨师来说，菜谱就是用来烧菜的算法。

举例说明：假设现在厨师需要做一盘西红柿炒鸡蛋，基本步骤如下所示。

步骤 1：准备食材；

步骤 2：点好燃气，打开油烟机；

步骤 3：放油入锅，烧热；

步骤 4：放入鸡蛋，翻炒；

步骤 5：放入西红柿，炒匀；

步骤 6：放入盐，继续翻炒；

步骤 7：熄火，将菜盛入盘中。

上述做菜步骤就称为厨师炒制“西红柿炒鸡蛋”的算法。

再比如金币问题，假设一位商人有 9 枚金币，其中有一枚是假币，其比其他金币略微轻一些，现在有一台没有砝码的天平，如何借助它把假币找出来，请思考解决这个问题的算法。

（1）算法 1

步骤 1：任取一枚金币放在天平的左边，再取一枚金币放在右边。若不平衡，则轻的一边是假币；否则，进行步骤 2。

步骤 2：取下右边的金币，把其余的金币依次放入天平的右边，直到天平不平衡为止，则轻的一边是假币。

（2）算法 2

步骤 1：将金币两个一组分别放在天平的两端，若天平不平衡，则轻的一边是假币；否则，进行步骤 2。

步骤 2：重复执行步骤 1，如果前四组都平衡，则最后一枚是假币。

（3）算法 3

步骤 1：将 9 枚金币按三个一组分为三组。

步骤 2：取出两组放在天平的两端，若不平衡，则轻的一边有假币，即假币在轻的一组中；否则，假币就在未放上天平的一组中。

步骤 3：选择含有假币的那组，取出其中的任意两枚放在天平的两端。若天平不平衡，则轻的一边是假币；否则，未放上天平的是假币。

在计算机中，算法是为了解决具体的问题而设计的一系列计算步骤，以处理用户输入的数据并将其转换成结果输出，如图 1.1 所示。算法对于我们来说是工具，可用来解决实际问题。如果一个算法对于任意一个输入都能够输出正确的结果并终止，就称它为正确的算法；反之，就称它为错误的算法。在解决问题的时候，我们需要思考并关注如何给出正确的算法。

【例 1.1】假设有两个杯子，杯子 a 中放的是牛奶，杯子 b 中放的是水，写出交换两个杯子中液体的算法。

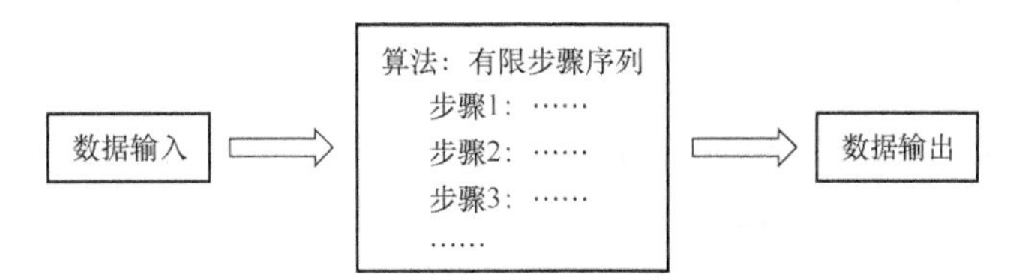

图 1.1　算法的含义

思路：如果想要交换，则必须借助第三个（空）杯子 t。

步骤 1：将杯子 a 中的牛奶倒入杯子 t 中。

步骤 2：将杯子 b 中的水倒入杯子 a 中。

步骤 3：将杯子 t 中的牛奶倒入杯子 b 中。

【例 1.2】写出在有限整数序列中找到最大值的算法。

步骤 1：假设第一个数就是最大值 max。

步骤 2：从第二个数开始将它们依次与 max 做比较，如果发现有大于 max 的数，就让 max 等于这个数。

步骤 3：重复步骤 2，直到比完最后一个数为止。

步骤 4：此时，max 中存放的就是最大数。

【例 1.3】写出求三个整数中最小数的算法。

步骤 1：假设第一个数 a 就是最小值 min。

步骤 2：对第二个数 b 与 min 进行比较，如果 b 小于 min，令 min=b。

步骤 3：对第三个数 c 与 min 进行比较，如果 c 小于 min，令 min=c。

步骤 4：此时，min 中放的就是三个整数中的最小数。

1.1.2　算法的作用

在计算机领域，算法被称为程序的灵魂，图灵奖获得者尼古拉斯·沃斯提出了如下著名的公式：算法+数据结构=程序。如图 1.2 所示，为了解决现实生活中的问题，人们想要借助计算机去完成，而计算机语言就是人类和计算机之间沟通的工具，程序是由使用者用某种计算机语言编写的一组有序指令的集合，计算机根据程序并按照步骤逐步执行每一条指令。在程序设计过程中，我们需要考虑两方面的问题：一方面是数据结构设计，主要关注待处理数据的存储方式和数据之间关系的组织问题；另一方面是算法设计，主要关注解决问题的思路，提出解决问题的一系列步骤。两者之间是密切相关的，算法设计要在结合具体数据结构的基础上才能设计出解决问题的正确算法。

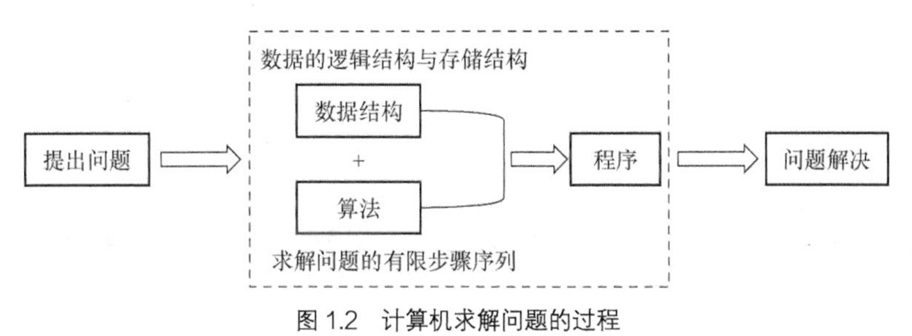

图 1.2　计算机求解问题的过程

1.1.3 算法的特性

算法具有以下5个特性。

（1）确定性：算法中的每个步骤都有确定的定义，不允许出现二义性。例如对于同一个输入，必须保证每次运行能得到相同的结果。

（2）可行性：算法中的每个步骤是实际能够进行的，并且整个算法是能够在可接受时间内完成的。

（3）有限性：算法的执行步骤是有限的，是能够终止的，并且每一步骤都能在有限时间内完成。

（4）输入性：算法可以有零个或多个输入。大多数算法需要接收外界的数据来完成运算，对于一些比较简单的问题，可以不需要输入数据，例如在屏幕上打印文字。

（5）输出性：算法需要有一个或多个输出。算法的目的是求解问题，问题求解的结果应以一定的方式输出。

请阅读下列两个求1000以内能被3整除的数之和的算法，判断其是否满足算法的特性。

【例1.4】算法1。

```
void try1()
  {
     int s=0;
     int i=0;
     while (i%3==0)
       {
         s=s+i;
         i=i+3;
       }
      printf("%d\n",s);
   }
```

分析：在这个算法中，变量*i*的值会一直增加，将形成一个死循环，不会终止，因此不符合算法的有限性。

【例1.5】算法2。

```
void try2()
  {
       int s=0;
       int i=1;
       while (i%3==0&&i<=1000)
        {
           s=s+i;
           i=i+1;
         }
   }
```

分析：在这个算法中，计算完成后没有给出任何有效结果，对此，用户显然是不满意的，因此不符合算法的输出性。

我们再来看下面这个输出一个整数因子的例子，看看是否符合算法的特性。

【例 1.6】算法 3。

```
void try3()
  {
        int n=15;
        int i=0;
        while (n%i==0)
         printf("%d\n",i);
        }
```

分析：在这个算法中，当进行第一轮循环时 $i=0$。i 又是除数，出现了除数为零的错误，因此不符合算法的可行性。

由此可见，我们在设计算法时一定要遵循算法的 5 大特性，这也是评价算法优劣的依据之一。除此之外，在设计算法时，还要遵循算法的 5 个设计目标。

（1）正确性：算法能够满足需求，完成规定的功能和性能要求，得出正确的结果。

（2）可使用性：对于用户来说算法能够很方便地使用。

（3）可读性：算法具有良好的可读性，便于人的理解。算法的设计要条理清晰、逻辑性强且具有结构化特性。

（4）健壮性：算法要拥有应对不符合规范要求的输入情况的处理能力，对于不符合规范要求的输入，算法能够及时进行判断，并提供妥善的处理方式。

（5）高效率与低存储量：对于同一个问题来说，求解的算法不是唯一的，这就需要我们找到最优算法。当问题的规模逐渐增大时，需要考虑的问题有两个。一是算法的时间效率，执行时间越短效率越高；二是算法执行过程中所需的空间存储量，需要的空间越小越好。

【例 1.7】接收用户输入的两个整数，输出它们的商。

```
void qu()
  {
     int a,b,q;
     scanf("%d,%d",&a,&b);
     q=a/b;
     printf("%d\n",q);
  }
```

分析：这个算法是存在问题的，当用户输入 5 和 0 的时候，算法执行就会出错。所以，该算法不满足健壮性这一设计目标，应修改为以下算法：

```
void qu1()
  {
     int a,b,q;
     scanf("%d,%d",&a,&b);
     if(b==0)
        printf("The divisor cannot be zero! ");
     else
        {
          q=a/b;
```

```
        printf("%d\n",q);
    }  }
```

1.1.4 算法的描述

在算法设计过程中，算法的描述方式主要有 4 种：自然语言、流程图、伪代码和程序设计语言，如表 1.1 所示。

表 1.1 对比算法的 4 种描述方式

描述方式	优点	缺点	适用场合
自然语言	易于理解	冗长与二义性	简单问题
流程图	直观形象	缺乏灵活性	简单问题
伪代码	抽象性强	不能直接执行	编码前期
程序设计语言	计算机可直接执行	抽象性差	需要验证算法

下面以判断一个大于 2 的正整数是否为素数的问题为例，分别采用上述四种方式进行描述。

解题思路：素数是指只能被 1 和自身整除的数。在判断一个数是否是素数的时候，通常采用的是这样的方式：假设现在这个数是 7，就从 2 开始，用 2 去除 7，如果余数不为零，就接着用 3 去除 7，……，直到用 6 去除 7 为止，此时余数依然不为零，因此得出结论——7 是素数。对于数字 n 来说，其需要尝试的数的范围就是 $2\sim n-1$，其实算法还可以进行优化，不需要测试到 $n-1$，只需要测试到 $\sqrt{n}$ 即可，原因在于 $\sqrt{n}$ 就是分界线。如果在$[2,\sqrt{n}]$区间里有一个数 h 能够整除 n 的话，在$[\sqrt{n},n-1]$区间里必定会有一个数 k 与之对应，有 $h\times k=n$。例如 15 这个数，我们在$[2,\sqrt{15}]$区间里找到一个数 3 能够整除它，在$[\sqrt{15},14]$区间里就有一个数 5 与之对应，有 $3\times5=15$。对应地，如果在$[2,\sqrt{n}]$区间里找不到能够整除 n 的数，那么在$[\sqrt{n},n-1]$区间里也肯定没有能整除它的数。

1. 自然语言

用日常生活中使用的语言来描述算法，相对来说易于理解，但书写起来比较烦琐，也有可能因为表述不到位引起歧义，对于较为复杂的问题较难表述准确。对于计算机来说，自然语言是不可识别和执行的。

判断一个大于 2 的正整数是否为素数的算法描述如下。

步骤 1：输入 n。

步骤 2：定义变量 i，赋初始值为 2。

步骤 3：判断 n 除以 i 的余数是否为 0，如果为 0，则转到步骤 6。

步骤 4：变量 i 的值自加 1。

步骤 5：判断 i 的值是否小于 $\sqrt{n}$，如果小于，则返回步骤 3。

步骤 6：判断 i 的值是否大于 $\sqrt{n}$，如果大于，则输出“This is not a prime.”；否则，输出“This is a prime.”。

2. 流程图

流程图使用不同的图框来表示各类操作，在图框内部写出步骤，再用箭头连接起来表示先后顺序。通过图形的方式来描述算法，直观而又形象。判断一个大于 2 的正整数是否为素数的算法流程如图 1.3 所示。

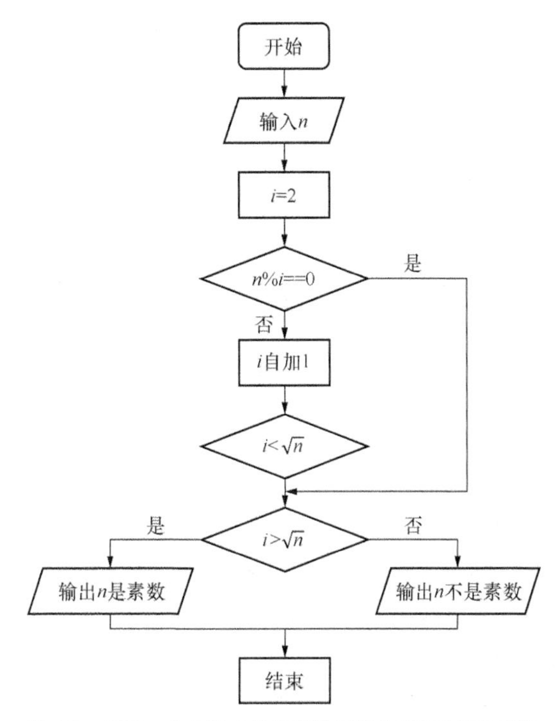

图 1.3 判断一个大于 2 的正整数是否为素数的算法流程

3. 伪代码

伪代码是一种介于自然语言与计算机语言之间的用来描述算法的语言，参照计算机语言的书写形式来表示算法的各个步骤，相比计算机语言更加接近自然语言，相对来说容易理解。伪代码旨在用接近自然语言的形式描述程序的执行过程，一般是不能被计算机直接执行的。判断一个大于 2 的正整数是否为素数的算法的伪代码描述如下。

步骤 1：输入 n。

步骤 2：i=2。

步骤 3：循环直到 i 大于 $\sqrt{n}$ 。

　　3.1 如果 $n\%i==0$，break。

　　3.2 $i=i+1$。

步骤 4：如果 i 大于 $\sqrt{n}$ ，输出“This is not a prime.”，否则输出“This is a prime.”。

4. 程序设计语言

也可以直接用计算机语言的形式来描述算法，通常是将算法写成子函数。这样的算法是可以直接在计算机上执行的。判断一个大于 2 的正整数是否为素数的算法的程序设计语言描述如下。

```
int main ()
    {
        int i, n;
        scanf("%d", &n);
        for (i = 2; i < sqrt(n); i++)
         {
           if (n%i == 0)
                break;
         }
         if (i >sqrt(n))
            printf("This is a prime.");
         else
            printf("This is not a prime.");
         return 0;
        }
```

1.1.5 算法设计的步骤

算法设计的步骤如图 1.4 所示，包括理解和分析问题、选择数据结构、设计算法策略、描述算法、验证算法、分析算法效率和编写程序实现，各步骤之间紧密相连，存在循环反复的过程。

（1）理解和分析问题。在设计算法之前，首先要深入分析问题，明确求解问题的要求和算法实现的功能目标，预测可能输入的数据，确定输出的结果。

（2）选择数据结构。理清算法涉及的数据之间的关系，选择和设计数据的逻辑结构与存储结构。

（3）设计算法策略。算法设计有几类常用的算法策略，例如穷举法、分治法、贪心法和动态规划法等，各类算法的特性和适用情况有所不同，在此基础上结合前面对问题的分析结果，选择适当的算法策略。

（4）描述算法。选取适当的描述方法对算法进行描述，要清晰、准确且完整地对算法的各个步骤进行详细描述。

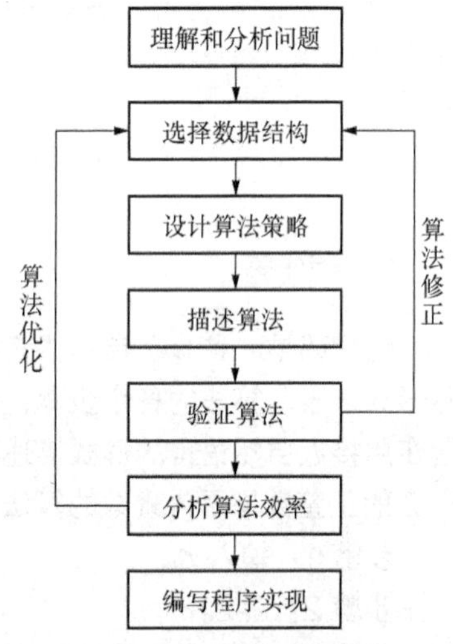

图 1.4　算法设计的步骤

（5）验证算法。一般而言，计算机中常用的算法策略都是经过验证的，也是比较成熟的算法策略，所以在设计算法的时候尽量选取这些算法。如果在设计过程中使用其他新的算法，就需要运用数学方法进行证明，因而需要耗费一些时间。如果无法证实算法的正确性，就要重新修正算法。

（6）分析算法效率。对于同一问题来说，求解的算法可能有很多种。此时就需要对算法进行分析，主要围绕两个方面展开分析，一是时间复杂度分析，二是空间复杂度分析，然后根据分析结果不断优化算法。

（7）编写程序实现。选择计算机语言根据算法编写程序，实现算法。

1.2 算法分析

算法分析主要用于分析算法占用计算机资源的情况，可围绕时间和空间两方面展开，分为算法的时间复杂度分析和算法的空间复杂度分析，根据分析情况选择算法或对算法进行改进和优化。评价算法效率的方法有两种：事前分析法和事后评估法。事后评估法是指先将算法通过计算机语言转换为程序，由计算机运行过后，统计它所耗费的时间和占用的资源。这种方法有一定缺陷，首先是必须运行，如果有多个算法的话，还要逐个执行一遍，之后再做比较，这样比较耗费时间和精力；其次是在程序运行过程中，有可能受到各种外部因素的影响，使评估结果产生偏差。因此在实际应用中，大多使用事前分析法来评估算法效率。

算法的运行时间主要和问题的规模 n 有关，例如参与运算的元素个数等，算法的复杂度描述的是算法的运行时间与问题规模之间的关系。通常情况下，用算法中基本语句的运行时间来衡量算法的运行时间。基本语句通常是除去分支结构和循环结构之外的语句，被执行次数最多的语句，一般是指最内层循环中的语句。

1.2.1 算法的时间复杂度与大 O 表示法

算法的时间复杂度通常使用符号 O 表示：$T(n)=O(f(n))$，其中 n 表示问题的规模。O 表示算法的执行时间与问题规模 n 之间的一种增长关系。下面通过实例来讲解什么是大 O 表示法。

1. 二分查找

查找是计算机中的常见操作，下面介绍一种用来解决查找问题的算法：二分查找。二分查找的功能是在一个数学序列中查找数学，如果成功，则返回这个数的位置；如果失败，则返回空。

思考：假设现在有人在纸上写一个介于 1 和 100 之间的整数，请尝试用最少的次数猜出这个数。在你每次猜测之后，会告诉你是否正确，如果错了，会提示你大了还是小了。

方法 1：假设你采用的策略是从第一个数开始猜，每次加 1，过程如表 1.2 所示。

表 1.2 简单查找猜数过程

猜测	结果	猜测	结果	猜测	结果
1	小了	4	小了	7	小了
2	小了	5	小了	8	小了
3	小了	6	小了	……	……

上述这种查找叫作简单查找，就是从第一个数开始，以此往后不断比较，直到找到该数为止。假设写在纸上的数是 36，那么需要猜 36 次。最坏情况下，纸上的数是 100，这就需要查找 100 次，显然对于这个问题来说，这不是一种合适的算法。

方法 2：从最中间的数开始猜，猜的第一个数是 50，而 36<50，因而会提示你大了。由此你知道了这个数应该在 50 的前面，下一次查找的范围就是 1～49 了。再从中间的数 25 开始猜，而 36>25，因而会提示你小了。这时候，你已经知道这个数应当在 26 和 49 之间，再从中间的数 37 开始猜，如此反复，直至找到 36 为止。猜数过程如表 1.3 所示。

表 1.3 二分查找猜数过程

猜测	结果	猜测	结果
50	大了	34	小了
25	小了	35	小了
37	大了	36	正确
31	小了		

上述这种查找叫作二分查找，就是从中间的数开始，每次将待查找空间缩小一半，不管纸上写的是什么数字，在 7 次之内都能够猜到，显然比简单查找算法更优。对于 n 个数，二分查找需要查找 $\log_2 n$ 次。

用简单查找算法在 16 个数中查找数字时，最多需要查找 16 次，如表 1.4 所示。用二分查找算法在 16 个数中查找数字时，最多需要查找 $\log_2 16= \log_2 2^4 =4$ 次。当 $n=100$ 时，最多需要查找 $\log_2 n= \log_2 100$ 次，100 介于 64 和 128 之间，$\log_2 100$ 介于 $\log_2 2^6$ 和 $\log_2 2^7$ 之间，取上限，最多需要查找 7 次。需要注意的是，使用二分查找算法的前提是数字是有序的。

表 1.4 n 个数的二分查找次数

n	$\log_2 n$	查找次数	n	$\log_2 n$	查找次数
1	$\log_2 2^0$	0	16	$\log_2 2^4$	4
2	$\log_2 2^1$	1	32	$\log_2 2^5$	5
4	$\log_2 2^2$	2	64	$\log_2 2^6$	6
8	$\log_2 2^3$	3	128	$\log_2 2^7$	7

简单查找算法可如下设计。

```
int Search (int a [], int n, int k)
{
     int i = 0;
     while (i < n && a[i]! = key)
         i++;
     if(a[i] == k)
         return i;
     else
         return -1;
 }
```

二分查找算法可如下设计。

```
int BiSearch (int a [], int n, int k)
{
      int low = 0;                    //low 是当前查找区间的上界，初始值为 0
      high = n - 1;                   //high 是当前查找区间的下界，初始值为 n-1
      int mid;
      while (low <= high)
        {
             mid = (low + high)/2; //确定查找区间的中心下标
             if(k ==a[mid])
```

```
                    return mid;              //查找成功，返回当前元素的下标
                else if(k<a[mid])
                        high = mid - 1;//如果k小于a[mid]，将查找区间缩小至前半区
                        else low = mid + 1;//如果k大于a[mid]，将查找区间缩小至后半区
            }
        return -1;                           //查找失败，返回-1
    }
```

2. 大 O 表示法的定义

下面从算法执行时间的角度分析简单查找与二分查找两种查找算法。相对于简单查找来说，二分查找究竟节省了多少时间呢？如表 1.5 所示，当 n 的规模越来越大时，简单查找需要的次数增加得非常快，当 n= 100 000 000 时，二分查找只需要 27 次，执行时间远远短于简单查找，这是为什么呢？原因是二分查找和简单查找的运行时间的增速不同。随着问题规模 n 的增加，二分查找增加的时间并不多，而简单查找增加的时间却很多。因此，随着问题规模不断增大，二分查找的速度比简单查找快得多。算法分析就是找出运行时间如何随问题规模的增加而增加，这也正是大 O 表示法的用武之地。

表 1.5 简单查找与二分查找的次数对比

n	简单查找次数	二分查找次数
10	10	1
100	100	7
10 000	10 000	14
1 000 000	1 000 000	20
100 000 000	100 000 000	27

大 O 表示法：$T(n)=O[f(n)]$，其中 n 表示问题的规模。使用大 O 表示法，简单查找的运行时间就是 $O(n)$，二分查找的运行时间就是 $O(\log_2 n)$。综上所述，我们得出结论，算法的时间复杂度不是指算法运行一次需要多长时间，而是指随着问题规模的增加，运行时间将以什么样的速度增加。$O(\log n)$比 $O(n)$快，需要查找的元素区间越多，前者比后者快得越多。

3. 推导大 O 阶

下面将介绍如何分析算法的时间复杂度。在算法分析中，我们将语句总的执行次数记为 $T(n)$，进而分析 $T(n)$随 n 的变化情况，从而确定 $T(n)$的数量级，即推导大 O 阶。具体分为以下 4 个步骤。

（1）分析问题的规模 n，找出算法中的基本语句，计算出 $T(n)$。

（2）用常数 1 取代 $T(n)$中的加法常数项。

（3）在 $T(n)$中，只保留其中的最高阶项。

（4）如果最高阶项存在且不是 1，就去掉它的系数，所得结果便是大 O 阶。

算法中的基本语句是指算法中执行次数最多的语句，通常是最内层循环的循环体；如果算法中包含并列的循环，就将并列循环的时间复杂度相加。算法分析需要计算基本语句执行次数的数量级，即只要保证基本语句中执行次数的函数的最高次幂正确即可，因为随着问题规模的变大，

常数项对 $T(n)$增速几乎没有什么影响，所以可以不予考虑。另外随着问题规模的变大，最高阶以外的其他低次幂对 $T(n)$增速的影响是远远低于最高阶的，可以忽略所有低次幂和最高次幂的系数，这样能够简化算法分析，并且使注意力集中在最重要的增长率上。

如表 1.6 所示，假设求得 $T(n)=3n^2+n+2$，分别算出 $n+2$、$3n^2$、n^2 的值并进行比较，可以看出经上述方法推导出的大 O阶，从而较好地反映出随着问题规模的增加 $T(n)$的增长速度。

表 1.6 大 O 阶推导过程

问题规模 n	$3n^2+n+2$	$n+2$	$3n^2$	n^2
$n=1$	6	3	3	1
$n=10$	312	12	300	100
$n=100$	30 102	102	30 000	10 000
$n=10\ 000$	300 010 002	10 002	300 000 000	100 000 000
$n=1\ 000\ 000$	3 000 001 000 002	1 000 002	3 000 000 000 000	1 000 000 000 000

1.2.2 算法的时间复杂度分析

接下来运用上述推导大 O阶的方法进行常见算法的时间复杂度分析。

1. $O(1)$

```
void pt(int n)
{
    int m = 0;                  /*执行 1 次*/
    m=2*n+n/5+6;                /*执行 1 次*/
    printf("%d",m);             /*执行 1 次*/
}
```

这个算法是由使用顺序结构的语句构成的，算法的运行次数函数 $T(n)=3$。根据大 O阶的推导步骤，把常数项 3 改为 1，因此求出该算法的时间复杂度为 $O(1)$。

假设现在修改该算法，执行语句 $m=2*n+n/5+6$ 五遍，算法如下：

```
void pt(int n)
{
    int m = 0;                  /*执行 1 次*/
    m=2*n+n/5+6;                /*执行 1 次*/
    m=2*n+n/5+6;                /*执行 1 次*/
    m=2*n+n/5+6;                /*执行 1 次*/
    m=2*n+n/5+6;                /*执行 1 次*/
    m=2*n+n/5+6;                /*执行 1 次*/
    printf("%d",m);             /*执行 1 次*/
}
```

这个算法的运行次数函数 $T(n)=7$。根据大 O阶的推导步骤，把常数项 7 改为 1，因此求出该算法的时间复杂度也是 $O(1)$。

由上面两个例子可以看出，不管 n 的值是多少，第一个算法和第二个算法的执行次数始终都是 3 次和 7 次，这类算法的执行次数与问题规模 n 没有关系，算法的时间复杂度始终为 $O(1)$。

2. $O(n)$

在算法的基本结构中，主要有三种：顺序结构、选择结构和循环结构。顺序结构的语句一般都是 $O(1)$（循环体内的除外）。选择结构中，无论选择哪个分支运行，执行次数都是不变的，不会随着 n 的变大而增加，因此选择结构一般也是 $O(1)$（循环体内的除外）。循环结构相对于前两者来说就会复杂一些，我们需要计算出基本语句的运行次数，以此确定算法的阶次，此时需要分析循环结构内基本语句的执行情况。

```
void sum(int n)
 {
     int i;                      /*执行1次*/
     int sum = 0;                /*执行1次*/
     for (i=0; i<n; i++)
     {
         sum= sum+ i;            /*执行n次*/
     }
     printf("%d", sum);          /*执行1次*/
 }
```

这个算法的运行次数函数 $T(n)=n+3$。根据大 O 阶的推导步骤，求出该算法的时间复杂度是 $O(n)$。此时算法的执行次数随问题规模 n 的增加而增加，两者是线性关系，因此称这类算法的时间复杂度为线性阶。

3. $O(\log_2 n)$

```
void power sum(int n)
 {
     int i=0;                    /*执行1次*/
     int sum = 0;                /*执行1次*/
     while (i<n)
     {
         sum= sum+ i;            /*执行log2n次*/
         i=i*2;                  /*执行log2n次*/
     }
     printf("%d", sum);          /*执行1次*/
 }
```

这个算法的关键在于分析循环体内基本语句的执行次数，即计算循环的执行次数。循环变量 i 的初始值为 1，每次循环让 $i=i\times2$，循环条件也就转换为判断多少个 2 相乘后大于 n，如果满足条件，就结束循环。假设循环次数为 c，由于 $2\times c=n$，算出 $c=\log_2 n$。由此算出该算法的运行次数函数 $T(n)=2\times\log_2 n+3$。根据大 O 阶的推导步骤，求出该算法的时间复杂度是 $O(\log_2 n)$。

4. $O(n^2)$

```
void sum1(int n)
 {
```

```
    int i,j;                          /*执行 1 次*/
    int sum = 0;                      /*执行 1 次*/
    for (i=0; i<n; i++)
      for (j=0; i<n; j++)
        {
            sum= sum+ i*j;            /*执行 n² 次*/
        }
    printf("%d", sum);                /*执行 1 次*/
}
```

这个算法使用了双重循环，内层循环在前面已经分析过，时间复杂度是 $O(n)$。在内层循环的外面再加上一层循环，其实也就是把循环体内时间复杂度为 $O(n)$的语句，再执行 n 次，因此得出该算法的时间复杂度为 $O(n^2)$。

下面对这个算法进行修改：

```
void sum2(int m, int n)
{
    int i,j;                          /*执行 1 次*/
    int sum = 0;                      /*执行 1 次*/
    for (i=0; i<m; i++)
      for (j=0; j<n; j++)
        {
            sum= sum+ i*j;            /*执行 m*n 次*/
        }
    printf("%d", sum);                /*执行 1 次*/
}
```

此时这个算法仍采用双重循环，内层循环的时间复杂度还是 $O(n)$，只不过外层循环的执行次数变成了 m 次，也就是把循环体内时间复杂度为 $O(n)$的语句再执行 m 次，因此得出该算法的时间复杂度为 $O(m\times n)$。

再来看看下面这个算法，它的时间复杂度是多少呢?

```
void sum3(int n)
{
    int i,j;                          /*执行 1 次*/
    int sum = 0;                      /*执行 1 次*/
    for (i=0; i<n; i++)
      for (j=i; j<n; j++)
        {
            sum= sum+ i*j;            /*执行(n²+n)/2 次*/
        }
    printf("%d", sum);                /*执行 1 次*/
}
```

这个算法同样采用了双重循环，但是内层循环的执行次数不再是 n 了，需要重新计算，此时内层循环的执行次数与 i 的值有关。当 $i=0$ 时，内层循环的执行次数是 n；当 $i=1$ 时，内循环的执行次数是 $n-1$；当 $i=2$ 时，内循环的执行次数是 $n-2$；以此类推，当 $i=n-1$ 时，内循环的执行次数是 1 次，总的执行次数为：

$$T(n)=n+(n-1)+(n-2)+\cdots+1+3=(n^2+n)/2+3$$

根据大 O 阶的推导步骤，得出该算法的时间复杂度是 $O(n^2)$。

刚才介绍了 $O(1)$、$O(n)$、$O(\log_2 n)$ 和 $O(n^2)$，除了上述四种以外，还有 $O(n\log_2 n)$、$O(n^3)$ 等时间复杂度。下面按由快到慢的顺序列出当 n 足够大时，常见的几种大 O 阶运行时间并进行对比，详见图 1.5 和表 1.7：

$$O(\log_2 n)<O(n)<O(n\log_2 n)<O(n^2)<\cdots<O(2^n)<O(n!)$$

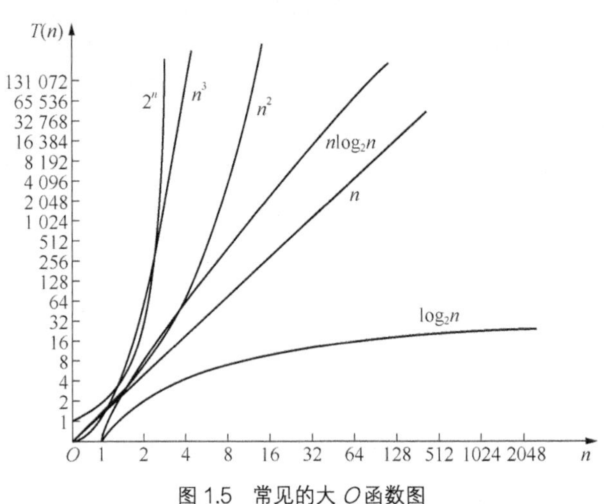

图 1.5 常见的大 O 函数图

表 1.7 常见的大 O 运行时间

大 O 运行时间	常见算法
$O(\log_2 n)$	也称对数时间，常见算法有二分查找
$O(n)$	也称线性时间，常见算法有简单查找
$O(n\log_2 n)$	一种效率较高的排序——快速排序
$O(n^2)$	一些效率不高的排序——选择排序、冒泡排序等
$O(2^n)$	斐波那契数列的递归算法
$O(n!)$	旅行商问题

一个问题的解可能有多个，这时候在选择和设计算法的时候就要尽量选择时间复杂度低的算法。上述算法中，$O(2^n)$和 $O(n!)$是不切实际的时间复杂度，理论上可行，但实际上不可行，在解决问题时应当尽量避免使用此类算法。

1.2.3 算法的空间复杂度分析

算法的空间复杂度定义为算法执行时耗费的辅助存储空间，用 $S(n)$表示，同样是问题规模 n 的函数。算法的空间复杂度分析是指对算法在执行过程中临时需要使用的存储空间大小进行量度。算法在执行过程中占用的空间与算法的设计有关，针对同一问题的不同算法有所不同。对于有的算法，空间复杂度与问题规模有关，会随问题规模的增大而增大；有的则与问题规模无关，在计算空间复杂度的时候也使用大 O 表示法。

```
int max(int a, int b)
  {
     int max;
     if(a>b) max=a;
     else max=b;
     return max;
  }
```

空间复杂度的分析方法与前面介绍的时间复杂度类似，上面这个算法中只用到了临时存储空间 max，$S(n)=1$，因此空间复杂度为 $O(1)$，与时间复杂度一样。只要临时存储空间的大小是常量，不随问题规模的变化而变化，与问题规模无关，算法的空间复杂度就都是 $O(1)$。当算法的空间复杂度与问题规模 n 呈线性关系时，算法的空间复杂度是 $O(n)$。

算法的复杂度包括算法的时间复杂度和算法的空间复杂度。算法的时间复杂度和空间复杂度之间是相互影响的。有时候，好的时间复杂度有可能会占用较多的存储空间；而有时候，追求好的空间复杂度时又会导致运行时间增加。因此，在设计算法的时候，需要在时间复杂度和空间复杂度之间做好权衡。

1.3 算法设计示例

【例 1.8】请设计一个算法来完成一维数组中元素的逆置操作，假设原有的数组元素为 $a_0, a_1,\cdots, a_{n-1}$，逆置后的数组元素应当为 $a_{n-1},\cdots, a_1, a_0$。要求原有的一维数组元素保持不变。

算法设计：首先分析问题中涉及的数据之间的关系，操作对象是一维数组，数组元素之间是线性关系。然后选择算法策略，根据题目要求，逆置后原有数组保持不变，这样就必须开辟一片新的存储空间来存放逆置后的数组元素，因此定义了一维数组 b，如表 1.8 所示。数组 b 中的元素 $b[0]$对应数组 a 中的元素 $a[n-1]$、$b[1]$对应 $a[n-2]$……，规律为 $b[i]$对应于 $a[n-1-i]$。

表 1.8 数组 *b* 与数组 *a* 中元素的对应关系

数组 *b*	数组 *a*	数组 *b*	数组 *a*
$b[0]$	$a[n-1]$	$b[i]$	$a[n-1-i]$
$b[1]$	$a[n-2]$	……	……
……	……	$b[n-1]$	$a[0]$

算法如下：

```
void Inversion1(int n, int a [], int b [])
  {
     int i;
     for (i=0; i<n; i++)
     b[i]=a[n-1-i];          //把数组 a 的元素逆置后赋给数组 b
  }
```

算法分析：该算法的执行次数 $T(n)=n+1$，算法的时间复杂度是 $O(n)$。

【例 1.9】请设计一个算法来完成一维数组元素的逆置操作，假设原有的数组元素为 $a_0, a_1,\cdots,$

a_{n-1}，逆置后的数组元素应当为 $a_{n-1},\cdots, a_1, a_0$。要求原有数组中的数据元素值被改变。

算法设计：首先分析问题中涉计的数据之间的关系，本题的操作对象是一维数组，数组元素之间是线性关系。然后选择算法策略，根据题目要求，逆置后原有数组中的数据元素值被改变，这样就不需要开辟一片新的存储空间了。此时要关注的问题是如何确保在转置数组元素的过程中不会因为数据的覆盖式写入特点而丢失数据，因此考虑从数组两端开始，一一交换，如图 1.6 所示。$a[0]$对应于 $a[n-1]$，$a[1]$对应于 $a[n-2]$，……规律为 $a[i]$对应于 $a[n-1-i]$。

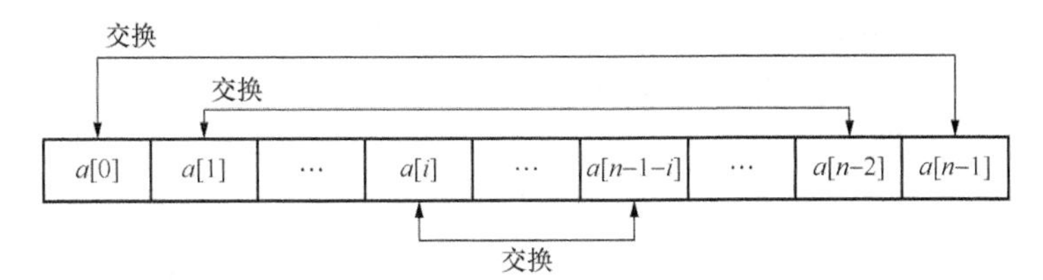

图 1.6　转置数组 a 中元素的对应关系

算法如下：

```
void Inversion2(int n, int a [])
  {
      int i, int t;
      for (i=0; i< n/2; i++)
        {
            t=a[i];              //交换 a[i]与 a[n-1-i]的值
            a[i]=a[n-1-i];
            a[n-1-i]=t;
        }
  }
```

算法分析：该算法的执行次数 $T(n)=3n/2+1$，算法的时间复杂度是 $O(n)$。

【例 1.10】假设数组 c 中有两组数据序列($c_0, c_1,\cdots,c_{m-1},d_0, d_1,\cdots,d_{n-1}$)，设计一个算法以完成两组数据序列的互换，让互换后的数据序列为($d_0, d_1,\cdots,d_{n-1},c_0, c_1,\cdots,c_{m-1}$)，要求不开辟新的存储空间。

算法设计：首先分析问题中涉及的数据之间的关系，本题的操作对象是一维数组，数组元素之间是线性关系。然后选择算法策略，根据题目要求，如图 1.7 所示，分两个步骤来完成互换。

（1）将整个数组 c 看作整体，将整个数组逆置，得到数据序列($d_{n-1},\cdots, d_1, d_0, c_{m-1},\cdots, c_1, c_0$)。

（2）将数组 c 分成两部分来分别进行逆置操作：前半部分数据序列是($d_{n-1},\cdots, d_1, d_0$)，逆置后得到的数据序列为($d_0, d_1,\cdots,d_{n-1}$)；后半部分数据序列是($c_{m-1},\cdots, c_1, c_0$)，逆置后得到的数据序列($c_0, c_1,\cdots,c_{m-1}$)。此时，数组 c 的数据序列就变成了($d_0, d_1,\cdots,d_{n-1},c_0, c_1,\cdots,c_{m-1}$)，完成任务。

$c_0, c_1, \cdots, c_{m-1}, d_0, d_1, \cdots, d_{n-1}$
$d_{n-1}, \cdots, d_1, d_0, c_{m-1}, \cdots, c_1, c_0$
$d_{n-1}, \cdots, d_1, d_0$　　$c_{m-1}, \cdots, c_1, c_0$
$d_0, d_1, \cdots, d_{n-1}$　　$c_0, c_1, \cdots, c_{m-1}$
$d_0, d_1, \cdots, d_{n-1}, c_0, c_1, \cdots, c_{m-1}$

图 1.7　算法设计思路

与例 1.9 中算法不同的地方在于本题需要多次使用逆置数组的算法，还涉及逆置区域的问题，因此在设计数组的逆置算法时需要定义两个参数来指定待逆置的数据序列范围。

算法如下：

```
void Inversion3(int a [],int low,int high) // 逆置数组中下标值在[low,…,high]
                                            // 区间内的元素
{
      int t;
      for (i=0; i<(high-low+1)/2; i++)
       {
           t=a[low+i];
           a[low+i]=a[high-i];
           a[high-i]=t;
       }
  }
void Exchange(int a [],int m, int n)        //交换数组序列
  {
       Inversion3(a,0, m+n-1);
       Inversion3(a,0, n-1);
       Inversion3(a,n, m+n-1);
  }
```

【例 1.11】请设计算法来判断一个字符序列是否是回文。回文是指一个字符序列以中间字符为基准，依次往两边的字符一一对应且完全相同。也就是正着读和反着读都一样的字符串，如“cbaabc”或“4321234”。

算法设计：首先分析问题中涉及的数据之间的关系，本题的操作对象是字符串，可以用数据元素是字符的一维数组来存放。然后选择算法策略，根据题目要求，对回文的特点进行分析，找出字符之间的一一对应关系，如图 1.8 所示。经归纳后得知，假设字符串存放在数组 c 中，字符串由 n 个字符组成，则有 $c[0]=c[n-1]$，$c[1]=c[n-2]$，…，以此类推。回文字符串以中间的字符为基准两边对称，若 n 为奇数，就以最中间的字符为基准对齐；如果 n 为偶数，就以最中间的两个字符为基准对齐，当然最中间的两个字符也应当是相同的。因此，判断一个字符串是不是回文，只需要以最中间的字符为基准，从两端开始，将相互对应的字符两两比较，相等就比较下一组字符。如果全部字符都比较完且相等的话，就是回文。如果某次比较出现不相等的情况，就肯定不是回文，可以提前结束。

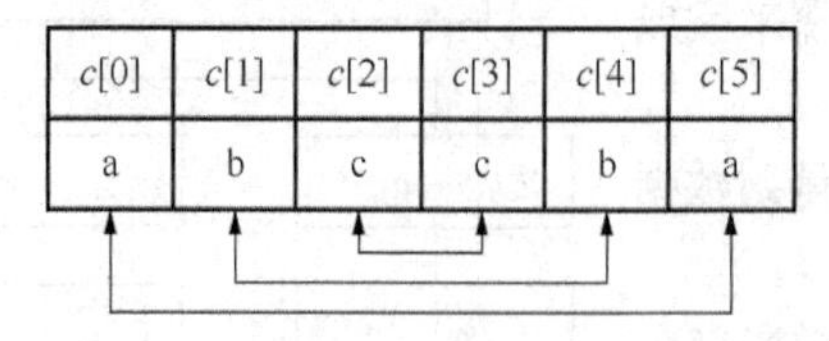

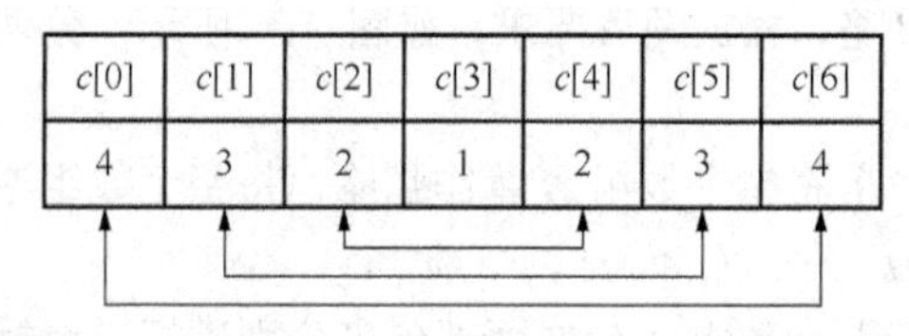

图 1.8　回文字符的一一对应关系

```
bool Palindrome (char c[], int n)
  {
      int i;
      for (i=0; i< n/2; i++)
       {
          if(c[i]! = c [n-i-1])      //若某组对应字符不相等
```

```
                return false;
        }
      return true;

  }
```

【例1.12】设计文本串加密算法。在数据传输过程中，为了提高传输安全性，传输的字符串可以用事先准备的编码表进行加密操作，各个字符对应的编码表如下所示。

```
a b c d e f g h i j k l m n o p q r s t u v w x y z
p j w c b q o t m k h x l u s d a y e r z i v f n g
```

因而字符串"hello"被加密为"tbxxs"。

算法分析：首先分析问题中涉及的数据之间的关系，本题的操作对象是字符串，可以用数组元素是字符的一维数组 *c* 来存放，另外还有编码表需要存放。编码表分为原始码和对应的加密码两部分，长度都是26，因此可以使用两个字符型数组 *a* 和数组 *b* 来存放。选用的算法策略是将数组 *c* 中的字符 *c*[*i*]从头开始逐个和数组 *a* 中的字符 *a*[*j*]做比较，如果相等，就表示找到字符的位置。由于数组 *a* 和数组 *b* 中的元素是一一对应的，因此 *c*[*i*]加密后的内容就是 *b*[*j*]，令 *c*[*i*] = *b*[*j*]即可寻找数组 *c* 中的下一个字符，最后数组 *c* 中存放的就是加密后的字符串。

```
void encryption(char c[])
 {
   int i ,j;
   for(i = 0; i < strlen(c); i++)
    {
       for(j = 0; j < strlen(a); j++)
        {
           if(c[i] == a[j])
             {
               c[i] = b[j];
               break;
             }
        }
    }
   printf("%s",c);
  }
```

【例1.13】在例1.12的基础上设计解密算法。

算法分析：本题采用的算法和例1.9是一样的，只是跟刚才的过程刚好相反：通过 *b*[*j*]的值去找 *a*[*j*]，令 *c*[*i*] = *a*[*j*]，最后数组 *c* 中存放的就是解密后的字符串。

```
void decryption(char c[])
 {
     int i,j;
     for(i = 0; i < strlen(c); i++)
       {
         for(j = 0; j < strlen(b); j++)
           {
              if(c[i] == b[j])
```

```
            {
                c[i] = a[j];
                break;
            }
        }
    }
    printf("%s",c);
}
```

1.4 本章小结

（1）算法的概念：为了解决某一问题而采用的方法及步骤。

（2）算法分析：分为算法的时间复杂度分析和算法的空间复杂度分析。

（3）大 O 表示法：算法的执行时间与问题规模 n 之间的一种增长关系。

习题 1

一、单选题

1. 下列描述中不能称之为算法的是（　　）。
   A. 武术的拳谱　　B. 歌曲的歌谱
   C. 用土鸡炖鸡汤　　D. 做稀饭需要执行淘米、加水、加热这些步骤
2. 下列问题中不属于算法讨论范畴的是（　　）。
   A. 四则运算法则　　B. 求一枚硬币抛落下来是正面的概率
   C. 求正方形的面积　　D. 求两地之间的最短路线
3. 下列有关算法的描述中正确的是（　　）。
   A. 解决问题的算法是唯一的
   B. 算法的执行步骤必须是有穷的
   C. 算法的执行步骤是可逆的
   D. 一个问题的算法只能用一种语言来设计
4. 下列有关算法的描述中错误的是（　　）。
   A. 算法不一定有输出
   B. 算法可以有零个输入
   C. 算法要能处理不规范输入
   D. 算法必须能在执行有限步骤后结束
5. 下列哪个不属于算法的特性？（　　）
   A. 可行性　　B. 健壮性　　C. 有限性　　D. 输入性
6. 下列有关算法的描述中错误的说法是（　　）。
   A. 自然语言可能出现二义性
   B. 计算机可直接执行伪代码

C. 流程图直观形象

D. 程序设计语言的抽象性差

二、计算题

请分析以下算法的时间复杂度。

1. 算法1

```
void k1(int n)
   {
        int i;
        int s = 0;
        for (i=0; i<n; i++)
        {
             s= s+i;
        }
        printf("%d", s);
   }
```

2. 算法2

```
void k2(int m,int n)
   {
       int i, j, k;
       int sum = 0;
       for (i=0; i<m; i++)
        for (j=0; j<n; j++)
         for (k=0; k<n; k++)
            {
                sum= sum+ i*j*k;
            }
       printf("%d", sum);
   }
```

3. 算法3

```
void k3(int n)
   {
       int i, j;
       int sum = 0;
       for (i=0; i<n; i++)
         for (j=n-1; j>i; j--)
            {
                sum= sum+ i*j;
            }
       printf("%d", sum);
   }
```

4. 算法4

```
void BubbleSort(int a[],int n)
```

```
{
   int i, j, temp, flag=1;
   for (i=1; i<n&&flag==1; i++)
    {
         flag=0;
         for (j=0; j<n-i; j++)
             {
               if(a[j]>a[j+1])
                {
                     flag=1;
                     temp=a[j];
                     a[j]=a[j+1];
                     a[j+1] =temp;
                    }
                }
  }}
```

三、问答题

1. 什么是算法？简述算法的特性和算法设计的目标。
2. 简述算法的时间复杂度和空间复杂度的概念。
3. 简述算法设计的步骤。
4. 简述算法的时间复杂度分析方法。

四、算法设计题

1. 请设计一个算法，求三个数中的最大数。
2. 已知一个整数序列，设计一个算法，求出其中两个数字的积等于给定整数 t 的组合数。

实训 1

1. 实训题目

求两个自然数 m 和 n 的最大公约数和最小公倍数。
输入描述：
输入一行数据：
m 和 n 的数值。
输出描述：
最大公约数和最小公倍数。

2. 实训目标

（1）理解算法的含义、算法设计的目标和算法的特性。
（2）熟悉和掌握算法设计的基本步骤。

（3）掌握算法的时间复杂度分析方法。

3. 实训要求

（1）设计 3 个以上求最大公约数和最小公倍数的算法。
（2）对设计的算法采用大 O 表示法进行算法的时间复杂度分析。
（3）上机实现算法。
（4）通过分析对比，得出自己的结论。

2 Chapter

第2章 蛮力法

本章导读：

蛮力法简单易行，是算法设计中应用较为广泛的方法之一。蛮力法的基本思想是：对问题所有可能的解或状态逐一进行测试，直至找到可行解，或将所有可能的状态都测试完毕。

学习目标

（1）理解蛮力法的基本思想；

（2）掌握蛮力法的基本解题格式；

（3）理解运用蛮力策略解决典型应用问题的设计思想；

（4）掌握蛮力法的算法分析与设计步骤。

2.1 蛮力法概述

2.1.1 蛮力法的基本思想

引入：假设现在有一把锁和 10 把钥匙，怎样找出能打开这把锁的钥匙?

思路：从第一把钥匙开始，逐一尝试开锁。如果打不开，就继续试下一把钥匙；如果能打开，就停止。

蛮力法也叫暴力法、穷举法，基本思想是直接基于问题的描述和定义，尝试该问题所有可能的解，逐一测试。如果不可行，就尝试下一种解，直到找到可行解为止。蛮力法的特点是简单而直接，其中的“力”指的是借助计算机的计算能力。蛮力法不能算是最好的算法，一般来说高效的算法很少出自蛮力，但它仍然是一种很有用的算法策略。首先，蛮力法适应性强，是一种几乎所有问题都能解决的算法，在有些情况下，当我们在有限的时间里想不到更巧妙的办法时，蛮力法也不失为一种有效的解题方法；其次，蛮力法简单且容易实现，在问题规模有限的时候，能够在可接受时间内完成求解。使用蛮力法一般是把所有可能的解都列举出来，判断它们是否满足特定的条件或要求，力求从中找到符合要求的解。

【例 2.1】设计算法，从 1~10 中找到能被 3 整除的数。

```
void main()
  {
     int i;
     for (i=1; i<=10; i++)
       if(i%3==0)
        printf("%d\n", i);
  }
```

【例 2.2】设计算法，从 1~100 中找到能被 2 或 5 整除的数。

```
void main()
  {
     int i;
     for (i=1; i<=100; i++)
       if(i%2==0|| i%5==0)
          printf("%d\n", i);
  }
```

【例 2.3】设计算法，输出由 1、3、5、7、9 五个数字组成的所有可能的两位数。

```
void main()
  {
     int i, j, m;
     for (i=1; i<=9; i=i+2)
       for (j=1; j<=9; j=j+2)
        {
            m=10*i+j;
            printf ("%d\n", m);
```

```
        }
    }
```

【例 2.4】谁做的好事? 班里收到一封表扬信，已知是 4 名同学中的一名做了好事，不留名，老师问他们是谁做的好事。

A 说：不是我。

B 说：是 C。

C 说：是 D。

D 说：C 说的不对。

已知其中 3 个人说的是真话，有 1 个人说的是假话。请设计算法，找出做了好事的人。

思路：怎样找到做好事的同学? 先假设某个人就是做好事的人，再用 4 句话去测试有几句是真话。如果其中有 3 句是真话，1 句是假话，就确定是这个人做的好事，否则就继续测试下一个人。定义一个字符型变量 found，用来存放做了好事的同学的姓名，在此基础上将 4 句话转换成逻辑表达式，如表 2.1 所示。

表 2.1 逻辑表达式

说话的人	说的话	逻辑表达式
A	不是我。	found!='A'
B	是 C。	found=='C'
C	是 D。	found=='D'
D	C 说的不对。	found!='D'

（1）先假设 A 是做了好事的人，则有 found='A'，带入表 2.1 所示的 4 句话中。

A 说：found! ='A'；由假设可得'A' != 'A'，结论为假，值为 0。

B 说：found=='C'；由假设可得'A' == 'C'，结论为假，值为 0。

C 说：found=='D'；由假设可得'A' == 'D'，结论为假，值为 0。

D 说：found! ='D'；由假设可得'A' != 'D'，结论为真，值为 1。

结果为 1 句真，3 句假，得出不是 A 做的好事。

（2）先假设 B 是做了好事的人，则有 found='B'，带入表 2.1 所示的 4 句话中。

A 说：found! ='A'；由假设可得'B' != 'A'，结论为假，值为 1。

B 说：found=='C'；由假设可得'B' == 'C'，结论为假，值为 0。

C 说：found=='D'；由假设可得'B' == 'D'，结论为假，值为 0。

D 说：found! ='D'；由假设可得'B' != 'D'，结论为真，值为 1。

结果为 2 句真，2 句假，得出不是 B 做的好事。

（3）先假设 A 是做了好事的人，则有 found='C'，带入表 2.1 所示的 4 句话中。

A 说：found! ='A'；由假设可得'C' != 'A'，结论为假，值为 1。

B 说：found=='C'；由假设可得'C' == 'C'，结论为假，值为 1。

C 说：found=='D'；由假设可得'C' == 'D'，结论为假，值为 0。

D 说：found! ='D'；由假设可得'C' != 'D'，结论为真，值为 1。

结果为 3 句真，1 句假，得出是 C 做的好事。

由上面的分析可以得出，问题的关键在于对 found!= 'A'、found=='C'、found=='D'和 found!=

'D'四个逻辑表达式进行判断，测试在哪种情况下，其中有 3 个是真的、1 个是假的，即 3 个逻辑表达式的和应当等于 3。设计算法如下：

```
void main()
 {
     char found;
     int w1, w2, w3, w4, count;
     for (found='A'; found<='D'; found++)
        {
          w1= (found! = 'A');
          w2=(found=='C');
          w3=(found=='D');
          w4=(found!= 'D');
          count=w1+w2+w3+w4;
          if(count==3)
           printf("%C 做了好事。\n", found);
        }
    }
```

2.1.2 蛮力法解题格式

在使用蛮力法设计算法时，一般使用的是循环语句和选择语句，循环语句用于列举所有可能的解，选择语句则用来判断这个解是否满足指定的条件。基本解题格式如下：

```
for (循环变量 x 的取值是所有可能的解)
    {
     …
     if (x 满足指定的条件)
          对 x 进行操作;
     …
    }
```

【例 2.5】爱因斯坦的数学题：一条长长的阶梯，每步跨 2 阶，最后剩 1 阶；每步跨 3 阶，最后剩 2 阶；每步跨 5 阶，最后剩 4 阶；每步跨 6 阶，最后剩 5 阶；只有每步跨 7 阶时，才正好到头，一阶也不剩。请问，这条阶梯到底有多少阶（求出满足条件的最小阶梯数即可）？

解题思路：假设这条阶梯的阶数是 m，m 的下限是 1，根据题目要求，找出满足条件的最小阶梯数即可，因此只需要从 1 开始尝试，往上找到满足条件的整数即可。判断式为 m%2==1&& m%3==2&& m%5==4&& m%6==5&& m%7==0。

算法实现如下：

```
void main()
 {
     int m=1;
     while (1)                                    // 找到满足条件的 m 就结束
      {
        if (m%2==1&& m%3==2&& m%5==4&& m%6==5&& m%7==0)
           {
```

```
            printf("%d\n", m);
            break;                              // 找到满足条件的 m 就结束
          }
        m++;
       }
   }
```

【例 2.6】有一个三位数，个位数字比百位数字大，而百位数字比十位数字大，并且各位数字之和等于各位数字之积。求这个三位数。

解题思路：由题意可知，对于一个三位数 m，它的取值范围是 100~999，其中百位数 i 的取值范围是 1~9，十位数 j 的取值范围是 0~8，个位数 k 的取值范围是 2~9。由于要对这三个数字进行比较，因此需要使用三重循环来表示解的范围，判断式为$(k>i)$&&$(i>j)$&&$(i+j+k==i*j*k)$。

算法实现如下：

```
void main()
 {
     int i,j,k,m;
     for (i=1; i<9; i++)
       for (j =0; j<8; j++)
         for (k =2; k<9; k++)
           if((i>k) &&(k>j) && (i+j+k ==i*j*k))
             {
               m=100*i+10*j+k;
               printf ("%d", m);
             }
   }
```

【例 2.7】设计一个算法，输出 1000 以内的完全数。完全数的各因子（除完全数本身外）之和正好等于完全数本身，例如：6=1+2+3（其中 1、2 和 3 都是 6 的因子），28=1+2+4+7+14（其中 1、2、4、7 和 14 都是 28 的因子）。

解题思路：本题的关键在于如何判断一个整数 m 是完全数。对于一个整数来说，除了自身以外，所有的因子都在 1 和（$m/2$）之间，在这个范围内找出所有能够整除 m 的数，将它们累加起来，判断是否等于 m。若满足条件，输出 m 即可。

算法实现如下：

```
void main()
 {
     int m, t, sum=0;
     for (m=2; m<1000; m++)
       {
         for (t=1; t<=m/2; t++)
           if (m%t==0)      //t 是 m 的一个因子
               sum+=t;
         if (sum==m)        //m 的各因子之和等于 m
           printf("%d ", m);
       }
```

```
        printf("\n");
    }
```

【例 2.8】水仙花数是指如下这样的 3 位数：每个位上的数字的 3 次幂之和等于这个三位数本身，例如 $153=1^3+5^3+3^3$。请设计算法以输出所有的水仙花数。

解题思路：假设水仙花数是一个三位数 n，n 的取值范围是 100~999，也就是解的范围。运用蛮力策略，从 100 开始逐一进行判断，假设这个三位数的百位、十位和个位分别是 b、s、g，则判断式是 $b\times b\times b+s\times s\times s+g\times g\times g==n$。本题的关键在于如何分解三位数 n 的百位数、十位数和个位数，这三个数可以通过下式求得：$b=n/100$、$s=(n/10)\%10$、$g=n\%10$。

算法实现如下：

```
void main()
 {
   int n,b,s,g;;
   for (n=100; n<1000;n++)
     {
       b=n/100;                   //求千位数
       s=(n/10)%10;               //求百位数
       g=n%10;                    //求个位数
       if(b*b*b+s*s*s+g*g*g==n)
          printf ("%d\n", n);
     }
   }
```

【例 2.9】数组 a 中存放着 n 个正整数，从中选出 3 个数组成一个三角形，请设计算法以输出所能组成的周长最长的三角形的周长。

解题思路：本题需要取出 3 个数，因此要使用三重循环，用 I、j、k 分别表示这 3 个数的下标。依据三角形的定义，组成三角形的条件是两边之和必须大于第三边，定义 max 用以存放 3 个数中的最大数。假设选出的 3 个数之和为 c，另外两边之和就是 $c-\max$，这 3 个数能组成三角形的条件为 $c-\max>\max$。

算法实现如下：

```
int max1(int a,int b,int d)       //求 3 个数中的最大数
 {
     int max2=a;
     if (max2 <b) max2 =b;
     if (max2 <d) max2 =d;
     return max2;
  }
void perimeter(int a[],int n)
 {
     int i, j,k;
     int c, max, maxc=0;
     for (i=0; i<n;i++)
       for (j=i+1; j<n; j++)
         for (k=j+1; k<n;k++)
```

```
            {
                c=a[i]+a[j]+a[k];
                max=max1(a[i], a[j], a[k]);
                if (c-max>max)                  //a[i]、a[j]、a[k]能组成一个三角形
                {
                    if (c>maxc)                 //进行比较以求最长的周长
                        maxc=c;
                }
            }
    if (maxc>0)
        printf("最长三角形的周长=%d\n",maxc);
    else
      printf("无法组成三角形! \n");
}
```

2.2 蛮力法的应用

蛮力法是一种基于计算机运算速度快的特性，借助计算机之“力”来解题的策略，使用该策略不需要做过多思考和设计，而是把所有可能情况都交给计算机去逐一测试，以求从中找出符合条件的解。蛮力策略的典型应用有顺序查找、直接选择排序、冒泡排序和直接插入排序等。

2.2.1 顺序查找

1. 基本思路

顺序查找也叫作简单查找，查找时采用蛮力策略，从数据序列的第一个数据元素开始，逐个与待查找的关键字 *k* 进行比较。如果两者相等，则返回该数据元素在数据序列中的位置，否则继续用 *k* 和下一个数据元素做比较，如此重复，直到比较完数据序列中的最后一个数据元素。如果没有找到，返回值为–1。

2. 算法设计

算法 int Search(int a[], int n, int k)

（1）功能：在给定数组 *a* 中查找数据元素 *k*。

（2）输入：给定数组 $a[0\sim n-1]$，数组中元素的个数 *n*，待查找的数据元素 *k*。

（3）输出：数据元素 *k* 在数组 *a* 中的位置。

```
int Search(int a[], int n, int k)
   {
      int i = 0;
      while (i < n && a[i]! = k)
          i++;
      if(a[i] == k)
          return i;
      else
```

```
            return -1;
    }
  void main( )
   {
     int a [10] = {820,356,32,642,6,811,467,134,54,264};
     int k=134;
     int i;
     if((i = Search(a, 10,k)) != -1 )
         printf("查找成功，该数据元素的位置为%d ", i);
     else
         printf("查找失败！ ");
}
```

3. 算法效率分析

（1）输入规模：序列元素个数 n。

（2）基本操作：比较操作 $a[i]!= k$。

（3）算法的时间复杂度：$O(n)$。

顺序查找借助计算机运算速度快的特性，在数据序列中逐一查找符合条件的元素，是最简单的查找方法，其查找时间随问题规模的增大而增长较快，时间复杂度是 $O(n)$。当问题规模较大时，耗费时间较多，因而并不算是一种高效的查找算法。

2.2.2 冒泡排序

1. 基本思路

冒泡排序将待排序的数据序列分为无序区和有序区两部分，其中有序区的数据都大于无序区的数据（本书介绍的排序算法都以升序排序为例）。冒泡排序通过交换数据元素的位置进行排序，在交换过程中采用的是蛮力策略，也就是从无序区中的第一个数开始，对相邻两数进行两两比较。如果发现反序就交换，一轮比较后，最大的数被换到无序区的最后一个位置，并加入有序区。包含 n 个数据元素的序列一般情况下需要进行 $n-1$ 轮比较和交换。但如果某一轮比较中没有交换，则说明数据已经排好序，可以提前结束排序。初始状态下，有序区中的数据元素个数为 0，无序区中的数据元素个数为 n。如图 2.1 所示，对数据序列{32,15,11,26,53,87,3,61}进行冒泡排序，其中有序区用[ ]括起来。

初始数据序列：	32	15	11	26	53	87	3	61
第一趟排序：	15	11	26	32	53	3	61	[87]
第二趟排序：	11	15	26	32	3	53	[61	87]
第三趟排序：	11	15	26	3	32	[53	61	87]
第四趟排序：	11	15	3	26	[32	53	61	87]
第五趟排序：	11	3	15	[26	32	53	61	87]
第六趟排序：	3	11	[15	26	32	53	61	87]
第七趟排序：	3	[11	15	26	32	53	61	87]
排序结果：	[3	11	15	26	32	53	61	87]

图 2.1 冒泡排序过程

如图 2.2 所示，定义数组 a[8]用以存放待排序数据序列，变量 j 表示无序区元素的下标。在第一趟排序过程中，j 的初始值是 0，j 从 0 开始到 7，对相邻两数进行两两比较，只要发现反序就交换；j 的值每次加 1 后，继续比较下一组相邻的数据元素，一轮比较过后，当前无序区中的最大数 87 被换到最后面，放入有序区，有序区的元素个数加 1，无序区的元素个数减 1。在第二趟排序过程中，j 从 0 开始到 6，一轮比较过后，当前无序区中的最大数 61 被换到最后面，放入有序区，有序区的元素个数变为 2，无序区的元素个数变为 6；以此类推，在第 i 趟排序过程中，j 从 0 开始到 $n-i$，一轮比较过后，有序区的元素个数变为 i，无序区的元素个数变为 $n-i$。

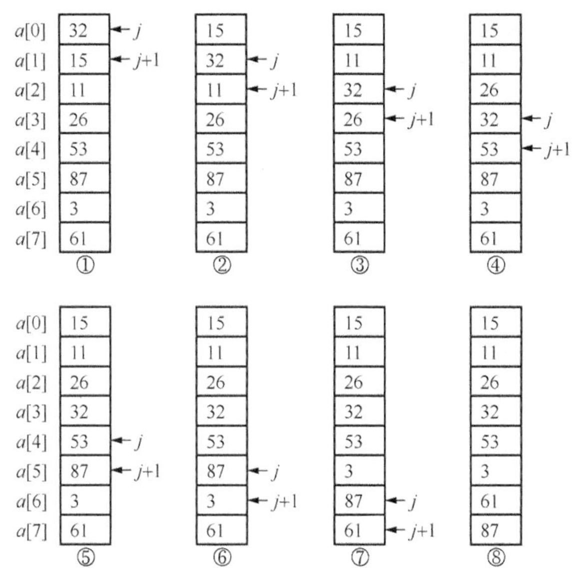

图 2.2　冒泡排序的第一趟排序过程

算法设计思路如下：

（1）当 i 从 1 到 $n-1$ 时；

（2）当 j 从 0 到 $n-i$ 时；

（3）如果 a(j)比 a($j+1$)大，则交换它们。

在具体实现的时候使用双重循环，外层循环控制排序的趟数，内层循环控制无序区中相邻元素之间的一轮比较。冒泡排序还有一种特殊情况需要考虑：当某趟排序中没有进行交换时，可以提前结束排序，因此需要设计标志变量 flag，用来标识某次排序是否进行了交换，例如 flag = 0 表示没有交换，flag = 1 表示进行了交换。初始状态下，令 flag = 1，确保进入第一轮排序，每一次进入下一趟排序时，都要将 flag 重置为 0，当出现交换操作时令 flag = 1。

2. 算法设计

算法 BubbleSort(int a[], int n)

（1）功能：用冒泡排序对给定数组 a 进行排序。

（2）输入：待排序数组 a，数组中元素的个数 n。

（3）输出：按升序排序的数组 a。

```
void BubbleSort(int a[], int n)
 {
```

```
    int i,j, temp;
    int flag=1;
    for (i=1;i<n && flag == 1;i++)   //进行 n-1 趟排序
      {
        flag =0;                       //在本趟排序前，设置 flag 为 0
        for (j=0;j<n-i;j++)            //对无序区中的相邻元素做比较，找出最大元素
          if (a[j]>a[j+1])             //当相邻元素反序时
            {
                temp=a[j];
                a[j]=a[j+1];
                a[j+1] =temp;
                flag=1;                //本趟排序发生交换，设置 flag 为 1
            }
        }
  }
```

3. 算法效率分析

（1）输入规模：序列元素个数 n。

（2）基本操作：交换 $a[j]$与 $a[j+1]$。

（3）算法的时间复杂度：$O(n^2)$。

2.2.3 直接选择排序

1. 基本思想

直接选择排序的基本思想是：将待排序的数据序列分为无序区和有序区两部分，其中有序区中的数据都小于无序区中的数据。每一趟排序都是从无序区中挑选最小的元素放入有序区的最后面，在挑选过程中采用蛮力策略，用 min 记录无序区中最小元素的下标。首先假定无序区中的第一个数据元素就是最小的，用 min 记录其下标，再用 min 记录的最小元素逐一与无序区中的各个数据元素做比较，只要发现更小的数据元素，就让 min 记录这个数据元素的下标。一轮比较过后，看看 min 的值是否发生了改变。如果改变，就将无序区中的第一个数与 min 记录的数据元素交换，此时有序区的数据元素个数加 1，无序区的数据元素个数减 1。包含 n 个数据元素的序列一般情况下需要进行 $n-1$ 趟排序。初始状态下，有序区中的数据元素个数为 0，无序区中的数据元素个数为 n。如图 2.3 所示，对数据序列{32,15,11,26,53,87,3,61}进行直接选择排序，其中有序区用[ ]括起来。

初始数据序列：	32	15	11	26	53	87	3	61
第一趟排序：	[3]	15	11	26	53	87	32	61
第二趟排序：	[3	11]	15	26	53	87	32	61
第三趟排序：	[3	11	15]	26	53	87	32	61
第四趟排序：	[3	11	15	26]	53	87	32	61
第五趟排序：	[3	11	15	26	32]	87	53	61
第六趟排序：	[3	11	15	26	32	53]	87	61
第七趟排序：	[3	11	15	26	32	53	61]	87
排序结果：	[3	11	15	26	32	53	61	87]

图 2.3 直接选择排序过程

如图 2.4 所示，定义数组 *a*[8]用来存放待排序的数据序列，变量 *j* 表示无序区中从第二个数据元素开始到最后一个数据元素的下标。在第一趟排序过程中，min 的初始值是 0，*j* 的初始值是 1，*j* 从 1 开始到 7，比较 *a*[*j*]与 *a*[min]的大小，只要发现 *a*[*j*]<*a*[min]，就执行 min=*j*，始终保证 min 中存放的是无序区中最小元素的下标。在第一次比较时，有 *a*[1]<*a*[0]，执行 min=1；在第二次比较时，有 *a*[2]<*a*[1]，执行 min=2；接着继续比较，直到 *a*[6]<*a*[2]，执行 min=6；继续比较直到 *j*=8，交换 *a*[0]和 *a*[6]，第一趟选择排序结束。

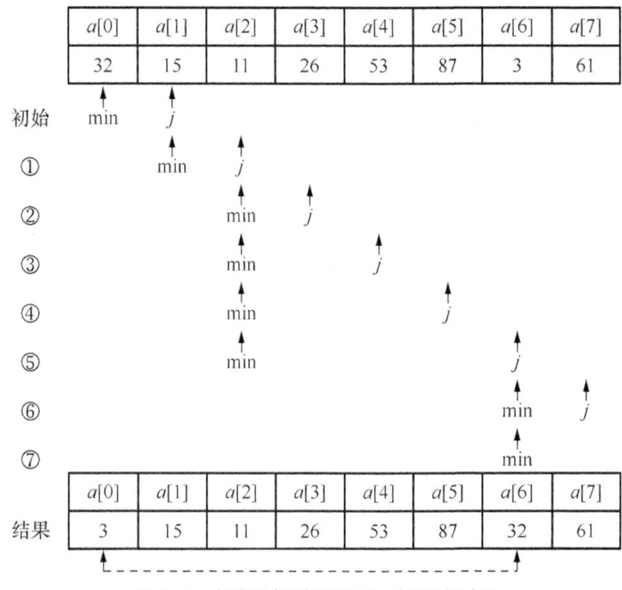

图 2.4 直接选择排序的第一趟排序过程

2. 算法设计

算法 SelectSort(int a[], int n)

（1）功能：用直接选择排序对给定数组 *a* 进行排序。

（2）输入：待排序数组 *a*，数组中元素的个数 *n*。

（3）输出：按升序排序的数组 *a*。

```
void SelectSort(int a[], int n)
  {
      int i, j,min;
      int temp;
      for (i=0;i<n-1;i++)                    //进行n-1趟排序
       {
         min=i;                              //用min记录无序区中最小元素的位置
         for (j=i+1; j<n; j++)
              if (a[j]<a[min])
                   min=j;
         if (min! =i)                        //若a[i]不是最小元素
           {
```

```
                temp=a[i];                    //将a[min]与a[i]交换
                a[i]=a[min];
                a[min]=temp;
            }
        }
    }
```

3. 算法效率分析

（1）输入规模：序列元素个数 n。
（2）基本操作：比较操作 $a[j] < a[\min]$。
（3）算法的时间复杂度：$O(n^2)$。

2.2.4 直接插入排序

1. 基本思路

直接插入排序的基本思想是：将待排序的数据序列分为无序区和有序区两部分，其中有序区中的数据都小于无序区中的数据。每一趟排序都将无序区中的第一个元素插入有序区中，插入过程中采用蛮力策略，先对待插入的数据元素 t 与有序区中的最后一个元素做比较。如果比最后一个数据元素小，则表示 t 肯定应当放在前面，于是让最后一个数据元素往后挪一位。接着继续逐一比较和挪动，直到找到小于 t 的数据元素，此时将 t 插入该数据元素的后面即可。包含 n 个数据元素的序列一般情况下需要进行 $n-1$ 趟排序。初始状态下，有序区中的数据元素个数为 1，无序区中的数据元素个数为 n。如图 2.5 所示，对数据序列{32,15,11,26,53,87,3,61}进行直接插入排序，其中有序区用[ ]括起来。

初始数据序列：	[32]	15	11	26	53	87	3	61
第一趟排序：	[15	32]	11	26	53	87	3	61
第二趟排序：	[11	15	32]	26	53	87	3	61
第三趟排序：	[11	15	26	32]	53	87	3	61
第四趟排序：	[11	15	26	32	53]	87	3	61
第五趟排序：	[11	15	26	32	53	87]	3	61
第六趟排序：	[3	11	15	26	32	53	87]	61
第七趟排序：	[3	11	15	26	32	53	61	87]
排序结果：	[3	11	15	26	32	53	61	87]

图 2.5 直接插入排序过程

如图 2.6 所示，定义数组 $a[8]$用来存放待排序的数据序列。在第一趟排序过程中，t=15，经比较发现 $t< a[0]$，因此 $a[0]$中的 32 往后移一位变成 $a[1]$，将 15 放在 $a[0]$中。在第二趟第一次比较过程中，t=11，经比较发现 $t< a[1]$，因此 $a[1]$中的 32 往后移一位变成 $a[2]$；在第二次比较时发现 $t< a[0]$，因此 $a[0]$中的 15 往后移一位变成 $a[1]$，将 11 放在 $a[0]$中；第二趟排序结束。

2. 算法设计

算法 InsertSort(int a[], int n)
（1）功能：用直接插入排序对给定数组 a 进行排序。

$a[0]$	$a[1]$	$a[2]$	$a[3]$	$a[4]$	$a[5]$	$a[6]$	$a[7]$
32		11	26	53	87	3	61

第一趟第一次：t=15，t<$a[0]$，$a[0]$往后移一位

$a[0]$	$a[1]$	$a[2]$	$a[3]$	$a[4]$	$a[5]$	$a[6]$	$a[7]$
15	32		26	53	87	3	61

第二趟第一次：t=11，t<$a[1]$，$a[1]$往后移一位

$a[0]$	$a[1]$	$a[2]$	$a[3]$	$a[4]$	$a[5]$	$a[6]$	$a[7]$
15		32	26	53	87	3	61

第二趟第二次：t=11，t<$a[0]$，$a[0]$往后移一位

$a[0]$	$a[1]$	$a[2]$	$a[3]$	$a[4]$	$a[5]$	$a[6]$	$a[7]$
11	15	32	26	53	87	3	61

图 2.6 直接插入排序中的第一趟与第二趟排序过程

（2）输入：待排序数组 $a[0\sim n-1]$，数组中元素的个数 n。

（3）输出：按升序排序的数组 $a[0\sim n-1]$。

```
void InsertSort(int a[], int n)
  {
      int i, j;
      int t;
      for (i=0; i<n-1; i++)
         {
           t = a[i+1];
           j = i;
           while (t < a[j] && j > =0)
            {
              a[j+1] = a[j];
              j--;
            }
            a[j+1] = t;
         }
   }
```

3. 算法效率分析

（1）输入规模：序列元素个数 n。

（2）基本操作：移动操作数 $a[j+1]=a[j]$。

（3）算法的时间复杂度：$O(n^2)$。

2.3 蛮力法的分析与设计

蛮力法根据问题的要求将所有可能的情况一一列举出来，挨个测试以求从中找到满足约束条

件的解，蛮力法的算法设计步骤通常如下。

（1）列举解的范围：分析问题所涉及的各种情况和解，有时候列举的情况范围太大，超出所能忍受的范围，此时就需要进一步进行分析，排除一些不合理的情况，尽可能缩小列举的范围。

（2）写出约束条件：对问题进行分析，明确问题的解需要满足的条件，用逻辑表达式表示出来。

2.3.1 百钱百鸡问题

百钱百鸡问题是一道数学题，出自《张邱建算经》，问题描述如下："鸡翁一，值钱五；鸡母一，值钱三；鸡雏三，值钱一；百钱买百鸡，则翁、母、雏各几何？"

如果用数学方法来求解，设公鸡有 x 只，母鸡有 y 只，小鸡有 z 只，根据题意得出两个三元一次方程：

$$5x+3y+z/3=100$$
$$x+y+z=100$$

其中：

$$0\leqslant x\leqslant 100$$
$$0\leqslant y\leqslant 100$$
$$0\leqslant z\leqslant 100$$

解出上述方程组就能得到问题的解，这也是一种解决问题的方法，下面尝试使用蛮力法，借助计算机的运算能力来解决这个问题。

1. 算法策略一

（1）列举解的范围：由题意可知，现在有 100 钱，如果全买公鸡的话，最多可以买 20 只，得出 x 的取值范围为 1~20；如果全买母鸡的话，最多可以买 33 只，得出 y 的取值范围为 1~33；如果全买小鸡的话，最多可以买 100 只，得出 z 的取值范围为 1~100。

（2）写出约束条件：$(5\times x+3\times y+z/3==100)$ && $(x+y+z==100)$

算法实现如下：

```
void main()
 {
     int x,y,z;
     printf("所得解如下：\n");
     for (x=0; x<20; x++)
       for (y=0; y<33; y++)
         for (z=0; z <100; z++)
           {
               if ((5*x+3*y+z/3 ==100) && (x+y+z ==100))
                 {
                   printf("公鸡买 %2d 只，母鸡买 %2d 只，小鸡买 %2d 只\n", x, y, z);
                 }
               }
   }
```

输出结果如下：

```
所得解如下：
公鸡买  0 只，母鸡买 25 只，小鸡买 75 只
公鸡买  4 只，母鸡买 18 只，小鸡买 78 只
公鸡买  8 只，母鸡买 11 只，小鸡买 81 只
公鸡买 12 只，母鸡买  4 只，小鸡买 84 只
```

上述算法中，循环的执行次数是 20×33×100=66 000 次，次数过多，接下来通过分析进一步缩小解的范围。

2. 算法策略二

（1）列举解的范围：如果公鸡的数量 x 和母鸡的数量 y 都确定下来了，小鸡的数量也就自然确定下来了，$z = 100 - x - y$，因此只需要列举 x 与 y 即可。

（2）写出约束条件：原先的约束条件变为 $5\times x+3\times y+z/3=100$，可以考虑增加一个约束条件来优化算法，即 $z\%3==0$，先判断 z 能否被 3 整除，条件为真的话再判断另一个约束条件 $5\times x+3\times y+z/3=100$。

算法实现如下：

```
void main()
 {
     int x, y, z;
     printf("所得解如下：\n");
     for (x=0; x<20; x++)
       for (y=0; y<33; y++)
        {
            z=100-x-y;
            if ((z%3==0) && (5*x+3*y+z/3 =100))
               {
                   printf("公鸡买 %2d 只，母鸡买 %2d 只，小鸡买 %2d 只\n", x, y, z);
               }
        }
   }
```

在第二种算法中，循环的执行次数是 20×33=660 次，相比第一种算法的 66 000 次实现了优化。

2.3.2 解数字谜

找出一个满足下列竖式的五位数，输出该五位数及相应的六位数结果。

```
  ABCAB
×     A
-------
 DDDDDD
```

由题意可知，A、B、C 和 D 是 0~9 的任意整数，下面采用两种蛮力算法策略来解决这个问题。

1. 算法策略一

（1）列举解的范围：由题意可知，A、B 和 C 是 0~9 的任意整数，可以看出其中 A 的取值范围是可以缩小的，原因是当 A 等于 1 或 2 时，乘积达不到 6 位数，所以可以先排除这两种情况，A 的取值范围就变成了 3~9。

（2）写出约束条件：首先求出五位数 ABCAB 与 A 的乘积，再判断所得 6 位数的各个位数是否相等，如果一样的话就是问题的解。

此时，解决问题的关键在于如何测试乘积的各个位数是否相等，由于取个位数字相对来说容易一些，因此这里采取的方法是先从个位开始，除以 10 取余数，得到个位数字，再整除 10，那么原来的高位数字就不断变成个位数字，方便提取并逐一进行比较。

算法实现如下：

```
void main()
 {
   int A, B, C, W, L, L1, M1, M2, i;
   for (A =3; A <= 9; A ++)
    for (B =0; B <= 9; B ++)
     for (C =0; C<= 9; C ++)
      {
         W=A*10000+B*1000+C*100+A*10+B;
         L=W*A;
         L1=L;
         M1=L1%10;
         for (i =1; i<= 5; i ++)
           {
                M2=M1;
                L1=L1/10;
                M1=L1&10;
                if (M1! =M2)
                   break;
           }
      }
         printf("%d * %d =%d \n", W, A, L);
     }
```

上述算法中，循环的执行次数是 7×10×10=700 次，并不能算是好的算法，接下来通过分析进一步缩小解的范围。

2. 算法策略二

将乘法式变换为除法式：DDDDDD/A=ABCAB。

（1）列举解的范围：由除法式可知，此时只需要考虑 A 和 D 的取值范围，其中 A 的取值范围是 3~9，D 的取值范围是 1~9。

（2）写出约束条件：首先求出 6 位数 DDDDDD 与 A 的商，再判断所得 5 位数的万位数、十位数与除数是否相等，千位数和个位数是否相等，都相等时就是问题的解。

此时，解决问题的关键在于如何获取万位数、十位数、千位数和个位数。

算法实现如下：

```
void main()
 {
   int A, B, C, D, H, K;
   for (A =3; A <= 9; A ++)
    for (D =1; D <= 9; D ++)
     {
        H= D *100000+ D *10000+ D *1000+ D *100+D*10+D;
        if (H%A==0)
          {
           K=H/A;
           if (((F/10000==A) &&(F/10%10==A)) && ((F/1000%10) ==(F%10)))
            printf ("%d * %d =%d \n", K, A, H);
          }
     }
 }
```

2.3.3 狱吏问题

问题描述：国王要对囚犯进行大赦，他通过下面的方法来挑选要释放的犯人。假设一排有 n 间牢房，国王让一个狱吏从牢房前走过，每经过一次就按照一定规则转动一次门锁，门锁每转动一次，原来锁着的门会被打开，而原来打开的门就会被锁上。当狱吏走过 n 次后，如果门锁是开着的，牢房中的犯人就会被放出，否则犯人不予释放。

狱吏转动门锁遵循以下规则：当他第一次经过牢房时，需要转动每一把门锁，也就是说，会把全部的锁打开；当他第二次经过牢房时，就从第二间开始转动，而后每隔一间转动一次……当他第 k 次经过牢房时，从第 k 间开始转动，而后每隔 $k-1$ 间牢房转动一次。

请设计算法以找出狱吏经过 n 次后，哪些牢房的犯人将被释放。

1. 算法策略一

（1）首先定义一个一维数组 $p[n]$来记录每间牢房锁的状态，1 表示锁上状态，0 表示打开状态。对其中 i 号锁的一次转动过程可以表示为 $p[i]= 1-p[i]$，如果 $p[i]=1$，转动后变为 0；如果 $p[i]=0$，转动后变为 1，从而模拟锁的开关过程。

（2）第一次狱吏经过时转动了锁的房间号是 $1,2,3,\cdots,n$。

第二次狱吏经过时转动了锁的房间号是 $2,4,6,\cdots,n$。

第三次狱吏经过时转动了锁的房间号是 $3,6,9,\cdots,n$。

……

第 i 次狱吏经过时转动了锁的房间号是 $i,2i,3i,\cdots$。这是一个等差数列，公差是 i，起始值也是 i。

（3）使用蛮力策略通过循环来模拟狱吏转动牢房锁的过程。

算法实现如下：

```
void main()
 {
     int i,j,n, *p;
     scanf("%d",&n);
     p=calloc(n+1, sizeof(int));
     for (i=0; i<=n;i++)
       p[i]=1;                        //初始状态下，所有的牢房门都是锁住的
     for(i=1;i<=n;i++)                //狱吏走过的次数
       for(j=i;j<=n;j=j+i)            //需要转动锁的牢房的编号
         p[j]=1-p[j];
     for (i=1; i<=n;i++)
       if(p[i]==0)
          printf("%d if free. \n",i);
 }
```

上述算法的主要操作是转动锁 $p[j]=1-p[j]$，$T(n)=n\times(1+1/2+1/3+\cdots+1/n)$，算法的时间复杂度是 $O(n\log_2 n)$。

2. 算法策略二

通过进一步研究转动门锁的规则可发现：第一次狱吏经过时转动了锁的房间号是 1 的倍数，第二次狱吏经过时转动了锁的房间号是 2 的倍数，第三次狱吏经过时转动了锁的房间号是 3 的倍数……由此问题转换为求因子的个数。

定义 $c(n)$是整数 n（牢房号）的因子个数，那么它们的对应关系如表 2.2 所示。

表 2.2　牢房号 n 与 $c(n)$的对应关系

n	$c(n)$
1	1
2	2
3	2
4	3
5	2
6	4
7	2
8	4
9	3
…	…

牢房的门在初始状态下是锁着的，对于某间牢房 i 来说，如果想要牢房的锁最终是打开的，那么这间牢房的锁必须被转动奇数次。也就是说，当 i 的因子个数为奇数时，锁的最终状态就是开着的，犯人就会被释放；反之，牢房的锁转动偶数次的话，最终状态就是关着的，犯人也不会被释放。

此时，问题就变成了求出 i 的因子个数，这时候使用蛮力策略，从 1~i 逐个尝试，是因子的话需要计入 count。最终，当 count 为奇数时，这间牢房的犯人将被释放。

算法实现如下：

```
void main()
 {
     int i,j,n, count;
     scanf("%d",&n);
     for (i=1;i<=n;i++)              // i 表示牢房的房间号
      {
        count=0;                     // 初始状态下因子个数为 0
        for(j=1;j<=i;j++)
          if(i%j==0)                 // j 是 i 的因子
              count= count+1;
        if (count%2!=0)
           printf("%d if free. \n",i);
       }
   }
```

上述算法的主要操作是判断 $i\%j$ 是否为 0，$T(n)=1+2+3+\cdots+n$，算法的时间复杂度是 $O(n^2)$。

3. 算法策略三

通过对表 2.1 进行分析，发现只有当 n 是完全平方数的时候，$c(n)$才为奇数，原因是 n 的因子一般都是成对出现的。也就是说，当 $n=h\times k$ 并且 $h!=k$ 时，h 和 k 是成对出现的，只有当 n 是完全平方数的时候，换言之，当 $n=f\times f$ 时，才会出现单个的因子，因子的个数 $c(n)$才是奇数。最终只有编号为完全平方数的牢房门是开着的，此时只需要用蛮力策略找出 1~n 范围内的完全平方数即可。

算法实现如下：

```
void main()
 {
   int i,n;
   scanf("%d",&n);
   for(i=1; i<=n; i++)
     if(i*i<=n)
        printf("%d is free.\n",i*i);
     else
        break;
  }
```

以上算法的时间复杂度是 $O(n)$，这是三种算法中最优的算法。蛮力法在解决小规模的问题时，不失为一种不错的算法策略，但在处理对运行时间要求较高的大规模问题时，需要在经过思考和分析后做进一步优化，才能找出效率较高的策略。

2.4 蛮力法示例

【例 2.10】串的匹配问题。给定两个字符串 S="$s_1s_2\cdots s_n$"和 T="$t_1t_2\cdots t_m$"，在主串 S 中查找模式串 T 的过程称为串匹配，也叫作模式匹配。如果 T 是 S 的子串，则返回 T 在 S 中首次出现的位置；如若不然，则返回–1。

解题思路如下：这里采用蛮力法，基本思想是从主串 S 的第一个字符开始与模式串 T 的第一个字符做比较，如果相等，继续逐个比较后续字符；如果不相等，则从主串 S 的下一字符起，重新与 T 的第一个字符做比较，重复上述过程，直到主串 S 中的一个连续字符序列与模式 T 相等。如果匹配成功，返回 S 中与 T 匹配的子串的第一个字符的序号；如果不成功，返回–1。

假设主串 S="ebebcebcdacde"，模式串 T="ebcd"，运用蛮力法解决串匹配问题的过程如图 2.7 所示。

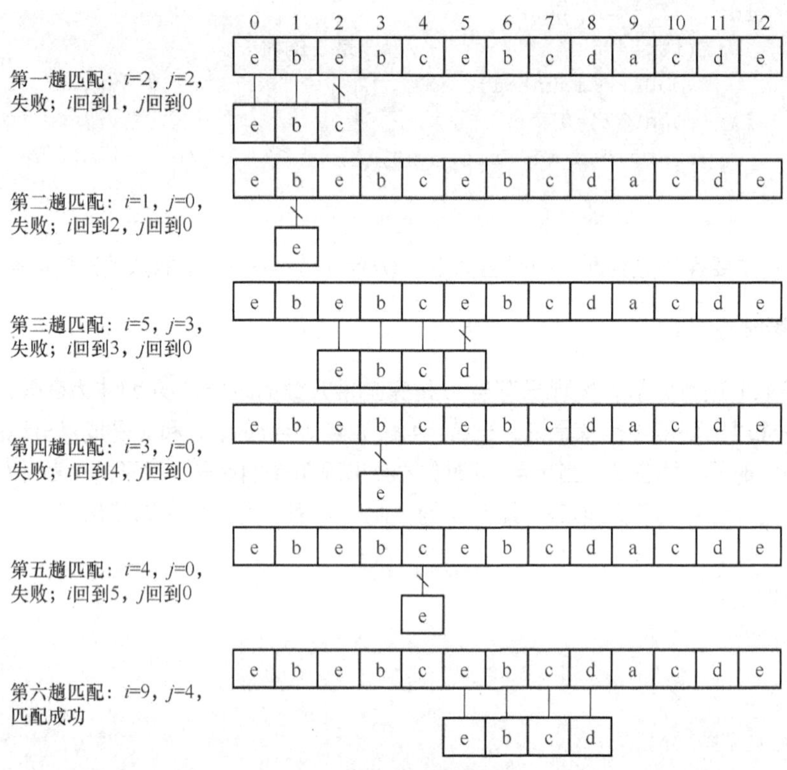

图 2.7 蛮力法解题过程

算法设计如下：

算法 bf(char s[], char t[])

（1）功能：在主串 S 中查找模式串 T。

（2）输入：主串 S 和模式串 T。

（3）输出：如果匹配成功，返回 S 中与 T 匹配的子串的第一个字符的序号；如果不成功，返回–1。

```
int bf(char s[], char t[])
 {
    int i,j,k;
    int m,n;
    m=strlen(s);                            //求主串的长度
    n=strlen(t);                            //求模式串的长度
```

```
    for(k=0;k<m-n;k++)
     {
       j=0;
       i=k;
       while(s[i]==t[j]&&j! =n)   //若相等，继续比较下一个字符
         {
          i++;
          j++;
         }
      if(j==n)                    //若 T 是 S 的子串
         return i-j;              //返回 S 中与 T 匹配的子串的第一个字符的下标
      else
         return -1;               //匹配失败，返回-1
    }
}
```

蛮力法的主要操作是比较操作，m 为主串长度，n 为子串长度，最好的情况下：第一趟就匹配成功，主串 T 的前 m 个字符正好等于模式串 T 的 m 个字符，此时共比较 m 次，因此时间复杂度为 $O(m)$。最坏的情况下：模式串 T 的前 $m-1$ 个字符序列与主串 S 的对应字符序列总是相等，但模式串的最后一个字符和主串的对应字符却总是不相等。也就是说，模式串 T 的 m 个字符序列必须和主串的对应字符序列比较 $m-n+1$ 次，总的比较次数为 $m\times(n-m+1)$次，得出时间复杂度为 $O(n\times m)$。

【例 2.11】假设有两个字符串 S 和 T，请设计算法，求 T 在 S 中出现的次数。例如 S="adefghadehuade"，T="ade"，则 T 在 S 中出现了 3 次。

解题思路如下：

要求 T 在 S 中出现的次数，首先需要先判断 T 是否在 S 中出现，因此可以运用蛮力法，运用蛮力策略，定义计数器 count，T 在 S 中每出现一次，就让 count 加 1。此时 j 的值是 T 的长度，在下一次查找前需要设置为 0。

算法设计如下：

```
int count(char s[], char t[])
```

（1）功能：求字符串 T 在字符串 S 中出现的次数。

（2）输入：字符串 T 和字符串 S。

（3）输出：字符串 T 在字符串 S 中出现的次数。

```
int countbf(char s[], char t[])
   {
       int count=0;
       int i = 0, j = 0;
       int m,n;
       m=strlen(s);                //求串 S 的长度
       n=strlen(t);                //求串 T 的长度
       while(i < m&& j <n)
          {
             if(s[i] == t[j])      //若相等，继续比较下一个字符
              {
```

```
                    i++;
                    j++;
                }
              else                          //若不相等
                {
                    i = i-j+1;       // i 返回起始处的下一个字符
                    j = 0;           // j 从头开始比较
                } }
            if (j == n)                     //在串 S 中找到了串 T
                {
                    count++;         //出现次数加 1
                    j=0;
                }
        }
        return count;
}
```

【例 2.12】0-1 背包问题。给定一个容量为 W 的背包，现有 n 件物品，每种物品仅有一件，重量分别为 w_1、w_2、…、w_n，价值分别为 v_1、v_2、…、v_n。现在从这 n 件物品中选择一部分放入背包，物品不可以分割，要么放要么不放，要求放入的物品具有最大的价值，并且总重量不能超过背包的容量 W。

解题思路如下：

解决这个问题时最容易想到的就是蛮力策略，其实就是穷举一共有多少种方法，如果是 4 件物品，就有 2^4 种方法，用蛮力法计算出这 16 种方法的价值，排除超过总容量的那些，剩下的价值最高的就是问题的解。假设有 a、b、c、d 四件物品，重量分别是 5kg、4kg、3kg 和 1kg，价值分别是 4、4、2 和 1，背包容量为 8kg，如表 2.3 所示。

表 2.3　物品清单

物品	重量（kg）	价值（元）
a	5	4
b	4	4
c	3	2
d	1	1

对于每个物品来说都有两种状态，装入或不装入，因此可以用 1 表示装入，用 0 表示不装入，这样就可以用 n 位二进制数来表示 n 件物品的选取情况。例如当 $n=4$ 时，0000 表示未选取任何物品，而 1100 表示选取了第 1 件和第 2 件物品，参见表 2.4。

表 2.4　蛮力法求解背包问题的过程

方案序号	放入的物品	二进制表示	总重量（kg）	总价值（元）	能否装入
1	Ø	0000	0	0	能
2	d	0001	1	1	能
3	c	0010	3	2	能
4	c、d	0011	4	3	能

续表

方案序号	放入的物品	二进制表示	总重量（kg）	总价值（元）	能否装入
5	b	0100	4	4	能
6	b、d	0101	5	5	能
7	b、c	0110	7	6	能
8	b、c、d	0111	8	7	能（最优解）
9	a	1000	5	4	能
10	a、d	1001	6	5	能
11	a、c	1010	8	6	能
12	a、c、d	1011	9	5	不能
13	a、b	1100	9	8	不能
14	a、b、d	1101	10	9	不能
15	a、b、c	1110	12	10	不能
16	a、b、c、d	1111	13	11	不能

算法设计如下：

```
int bag(inte w[], int v[],int n,int c)
```

（1）功能：求解0-1背包问题。

（2）输入：背包的容量 *c*、物品的数量 *n*、各物品的重量 *w*[]和价值 *v*[]。

（3）输出：背包的最大价值 max*v*。

```
int bag(int w[], int v[],int n,int c)
{
        int i,k, tempw, tempv;
        for(i=0;i<pow(2,n);i++)   //解空间
          {
            k=i;
            tempw=tempv=0;
            for(j=0;j<n;j++)        //n 位二进制
              {
                  if(k%2==1)    //如果相应的位等于 1，则表示放入；如果等于 0，则表示没放
                  {
                      tempw+=w[j];
                      tempv+=v[j];
                  }
                k=k/2;                 //十进制与二进制转换规则
            }
          if(tempw<=c)                 //判断是否超出背包的容量
            if(tempv>maxv)             //判断当前解是否比最优解好
                maxv=tempv;
          } }
return maxv; }
```

本题运用蛮力策略生成物品可能组成的全部子集，而后判断每个子集的总重量是否小于或等

于 W（约束条件），接着计算每个子集的总价值，最后求出最优解。n 元集合的子集数（幂集）$=2^n$，该算法的时间复杂度是 $O(2^n)$，因此蛮力法并不适合解决问题规模较大的背包问题。

【例 2.13】任务分配问题。假设现在有 n 个任务要分配给 n 个人去完成，一个人完成一个任务，将第 i 个任务分配给第 j 个人的成本是 $C[i, j]$（$1 \leq i, j \leq n$），要求找出总成本最小的分配方案。

解题思路如下：

假设现在有 3 个任务要分配给 3 个人去完成，成本矩阵如图 2.8 所示，矩阵元素 $C[i, j]$ 表示将任务 i 分配给人员 j 的成本。

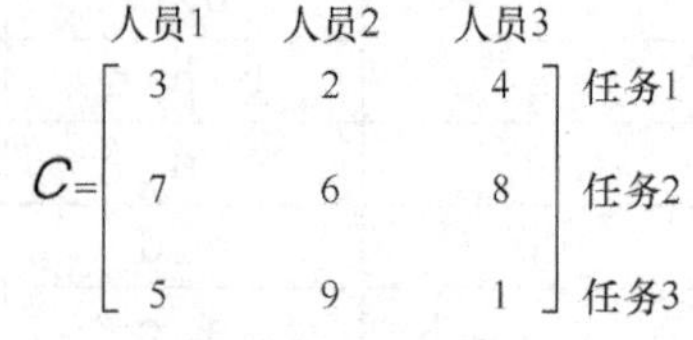

图 2.8 成本矩阵

在成本矩阵中，任务分配问题其实就是在成本矩阵的每一行中选取一个数据元素，要求这些数据元素分别属于不同的列，并且元素之和最小。用一个二维数组来存放成本矩阵，使用蛮力策略来解决任务分配问题，生成整数 1～n 的全排列，再把成本矩阵中的相应元素相加以求得每种分配方案的总成本，最后从中选出成本最少的方案。集合{2，3，1}表示任务分配如下：任务 2→第 1 人，任务 3→第 2 人，任务 1 →第 3 人。用蛮力策略解决任务分配问题的过程如表 2.5 所示，总成本最小的分配方案有两种，分别是{1，2，3}和{2，1，3}。

表 2.5 用蛮力策略解决任务分配问题的过程

方案序号	任务分配	总成本
1	1，2，3	3+6+1=10
2	1，3，2	3+9+8=20
3	2，1，3	7+2+1=10
4	2，3，1	7+9+4=20
5	3，1，2	5+2+8=15
6	3，2，1	5+6+4=15

算法设计如下：

（1）输入：任务分配的成本矩阵 $C[n][n]$

（2）输出：总成本的最小值。

步骤 1：初始化最小总成本 min=max$C$。

步骤 2：对集合中的每一个全排列 $P_1P_2\cdots P_n$ 执行下列操作。

a. 初始化当前方案的总成本 sum=0。

b. 对于排列中的每一个元素 P_i，执行 sum+=$C[i][P_i]$。

c. 如果 sum<min，则 min=sum。

步骤 3：输出 min。

由上述分析可以得知，用蛮力策略解决任务分配问题的时间复杂度是 $O(n!)$。因此，蛮力法只适用于解决规模较小的此类问题。

【例 2.14】旅行商问题。给定 n 个城市，找出经过每个城市一次的最短路线。

解题思路如下：

运用蛮力策略找出所有可能的旅行路线，从中选取路线长度最短的简单回路。假设有一位旅行商，他需要前往 A、B、C、D 共 4 个城市，同时要确保旅程最短。运用蛮力策略，考虑前往这些城市的所有可能次序，对于每种次序，都计算出总旅程，再从中挑选出旅程最短的路线。限定旅行商从某一城市出发，这样的话 4 个城市就有 6 种不同的排列方式，需要执行 6 次操作，如图 2.9 所示。解决过程如表 2.6 所示。

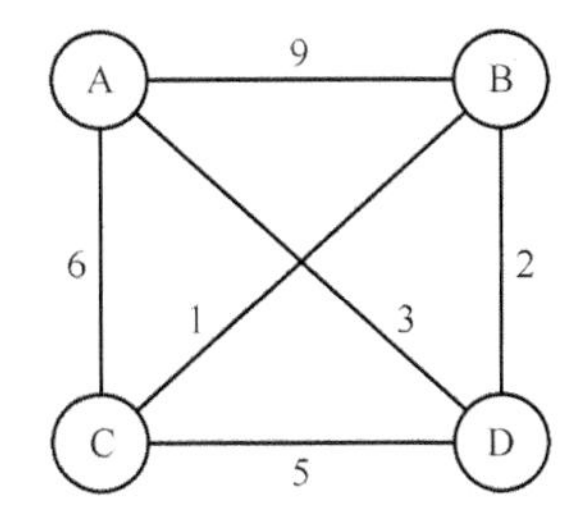

图 2.9　旅行商路线图

表 2.6　用蛮力策略解决旅行商问题的过程

序号	路线	路线长度
1	A→B→C→D→A	18
2	A→B→D→C→A	22
3	A→C→B→D→A	12（最短路线）
4	A→C→D→B→A	22
5	A→D→B→C→A	12（最短路线）
6	A→D→C→B→A	18

算法分析：用蛮力策略解决旅行商问题的时间复杂度是 $O(n!)$，当问题规模比较大的时候，很难在合理的时间内找到解决问题的方法。蛮力法适合于解决规模较小的问题。旅行商问题目前来说是计算机算法领域的难题之一，目前也在不断寻找更好的算法来解决这个问题。

2.5 本章小结

（1）蛮力法的基本思想：直接基于问题的描述和定义，尝试该问题所有可能的解，逐一测试。如果不可行，就尝试下一种解，直到找到可行解为止。

（2）蛮力法的算法设计步骤通常包括列举解的范围和写出约束条件。

习题 2

一、填空题

1. 蛮力法中的“力”指的是________。
2. 蛮力法是基于计算机________这一特性，在解决问题时采用一种________策略。
3. 采用直接穷举思路的算法主要使用________语句和________语句。
4. 直接选择排序和冒泡排序中均采用了________策略。

二、问答题

1. 简述蛮力法的基本思路。

2. 采用直接穷举思路的一般格式。

3. 简述蛮力法的优点。

三、应用题

给出一组关键字 K={11,9,3,20,56,32}，写出应用下列方法排序时，每轮排序中关键字的排列状态。

（1）冒泡排序。

（2）直接选择排序。

（3）直接插入排序。

四、算法设计题

1. 现有一张面值 100 元的纸币，可供购买的商品有中性笔（5 元）、橡皮（2 元）、文具盒（20 元），想要正好把 100 元花完，请设计算法求出有几种购买组合。

2. 谁是罪犯？现有一件疑案，试设计算法将作案人找出来。已知以下线索：

（1）A 和 B 中至少有 1 人参与；

（2）A、E 和 F 这 3 个人中至少有 2 人参与；

（3）A 和 D 不可能共同参与；

（4）B 和 C 要么同时参与，要么都没有参与；

（5）C 和 D 中有且仅有 1 人参与；

（6）如果 D 没有参与，则 E 也不可能参与。

3. 小张去超市购物，他选了 4 件商品，去收银台付款的时候，第一次收银员计算时错将 4 件商品的价格相乘，得出 71.1 元的结果。发现计算错了之后，他又重新将 4 件商品的价格相加，结果竟然还是 71.1 元。请设计算法，求出这 4 件商品的单价。

实训 2

1. 实训题目

（1）现有 36 块石板，有 36 个人，男生每趟能搬 4 块石板，女生每趟能搬 3 块石板，2 个小朋友每趟能搬 1 块石板。请问：36 块石板如果要一次搬完的话，需要多少男生、女生和小朋友？

输入描述：

无输入数据。

输出描述：

男生、女生和小朋友的人数。

（2）对于一个正整数 n，如果它的各位数之和等于它的所有质因数的各位数之和，则称该数为 Smith 数。例如 31 257=3×3×23×151，31 257 的各位数之和为 3+1+2+5+7=18，它的所有质因数的各位数之和为 3+3+2+3+1+5+1=18，所以 31 257 就是一个 Smith 数。给定一个正整数 n，请运用蛮力法设计算法求大于 n 的最小 Smith 数。

输入描述：
输入一行数据：n的数值。
输出描述：
大于 n 的最小 Smith 数。

2. 实训目标

（1）理解蛮力法的含义。
（2）熟悉和掌握使用蛮力法解题的基本步骤。
（3）掌握算法的时间复杂度的分析方法。

3. 实训要求

（1）设计出求解问题的算法。
（2）对所设计的算法采用大 O 符号进行算法的时间复杂度分析。
（3）上机实现算法。

3 Chapter

第 3 章

分治法

本章导读：

分治法是一种面向递归式问题的解决方法。分治策略是把一个复杂的问题分解成多个相同或相似的子问题，这就为使用递归技术提供了方便。分治与递归相辅相成，可联合应用于算法设计中。

（1）掌握递归的设计方法；

（2）理解分治法的基本思想；

（3）理解运用分治策略解决典型应用问题的设计思想；

（4）掌握分治法的算法分析与设计步骤。

3.1 递归技术

3.1.1 递归的定义

引入：假设现在有一个大盒子，里面有一颗珍贵的宝石，但是这个大盒子里面还有很多大小不一的小盒子，小盒子里还有盒子，宝石到底在哪个盒子里是未知的，你会采用什么方法去找到宝石？有两个人 A 和 B，他们分别采用不同的方法去找宝石。

A 采用的方法如下。

步骤 1：创建一个待查找的盒子堆。

步骤 2：从盒子堆中取出一个盒子。

步骤 3：打开盒子检查里面的物品。

步骤 4：如果找到的是宝石，结束查找；否则执行步骤 5。

步骤 5：如果是盒子，就放入盒子堆。

步骤 6：转到步骤 2。

B 采用的方法如下。

步骤 1：打开盒子，检查盒子里的每样东西。

步骤 2：如果找到的是宝石，结束查找；否则执行步骤 3。

步骤 3：如果是盒子，转到步骤 1。

这两种方法中的哪种更好呢？第一种方法可使用循环来完成，只要盒子堆不空，就从中取一个盒子，并在其中仔细查找。第二种方法使用的就是递归的思想。其实这两种方法的作用相同，第二种方法看起来更容易理解，不过递归只是让解决方案更清晰，没有性能优势。在有些情况下，循环的性能可能会更好。

1. 递归的基本思想

递归是指函数直接或间接地调用自己，我们将这类函数称为递归函数。递归最主要的思想就是：分解问题，思考如何把大问题分解成小问题，把规模大的问题转为规模小的相似的子问题来解决，直到子问题有直接解为止。而在函数的实现过程中，解决大问题所用的方法和解决小问题所用的方法往往是同一种方法，所以就产生了函数调用自身的情况。另外，解决问题的这个函数必须有明显的结束条件，这样就不会产生无限递归的现象了。

2. 递归式和递归出口

由于递归函数调用自身，因此编写这样的函数很容易出错，进而导致无限循环。例如，假设现在要编写一个实现倒计时的函数，在屏幕上输出：

```
5…4…3…2…1
```

编写如下递归算法：

```
void countdown(int i)
  {
     printf("%d ",i);
```

```
    countdown(i-1);
}
```

如果运行上述代码，如图 3.1 所示，就会发现程序是无法结束的，会持续输出下列数字：

```
5…4…3…2…1…0…-1…-2…-3…
```

输出i → 调用countdown(i–1)

图 3.1 无递归出口程序的运行情况

这样的算法显然是有问题的，在设计递归函数时，有两个重要的环节：递归式和递归出口。递归式是指函数自己调用自己，而递归出口指的是函数停止调用自己，从而避免形成无限循环。在设计递归函数时，需要明确何时停止递归。正因为如此，每个递归函数都必须有两部分：递归式和递归出口。下面给函数 countdown()添加递归出口，程序方能正常运行。

```
void countdown(int i)
  {
    printf ("%d… ",i);
    if(i>=0)
       countdown(i-1);          //n<0 为递归出口，递归出口为空语句
    }
```

如果运行代码，如图 3.2 所示，在输出下列数字后程序结束。

```
5…4…3…2…1…0…
```

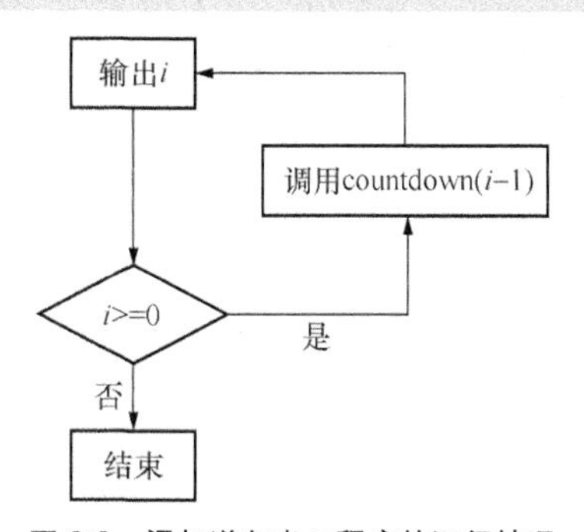

图 3.2 添加递归出口程序的运行情况

3.1.2 递归的执行过程

【例 3.1】请设计递归算法求 $n!$（n 为正整数），并写出 $n=5$ 时递归算法的执行过程。

基本思路：将大问题分解成小问题，$n!$ 可以分解为 $n\times(n-1)!$，$(n-1)!$ 又可以分解为 $(n-1)\times(n-2)!$，以此类推，直到 1! 分解为 $1\times(1-1)!=1\times0!$，而 0! 的阶乘是 1，问题的规模在不断缩小，直到有直接解为止。递归式如下：

$$\text{factorial}(n)=\begin{cases}1 & \text{当}n=0\text{时}\\ n\times\text{factorial}(n-1) & \text{当}n>0\text{时}\end{cases}$$

算法实现如下：

```
long int factorial(int n)
```

```
  {
     int x;
     long y;
     if(n < 0)                                      //n < 0 时阶乘无定义
        {
          printf("参数错! ");
            return -1;            }
      if (n == 0)
          return 1;
      else
          return  n* factorial(n - 1);    //递归调用
          }
     }
```

主函数设计如下：

```
void main(void)
  {
     long int f;
     fn = factorial(5);
     printf("%d", fn);
  }
```

在主函数中用 factorial(5)调用求阶乘的算法，实参 5 被传递给形参 *n*，而 factorial(5)要通过调用 factorial(4)、factorial(4)要通过调用 factorial(3)、factorial(3)要通过调用 factorial(2)、factorial(2)要通过调用 factorial(1)、factorial(1)要通过调用 factorial(0)来得出计算结果。执行 factorial(0)后的返回结果是 1，由 factorial(1)= 1×factorial(0)得出 factorial(1)的返回值是 1，接着由 factorial(2)= 2× factorial(1)得出 factorial(2)的返回值是 2，接着由 factorial(3)= 3× factorial(2)得出 factorial(3)的返回值是 6，再由 factorial(4)= 4×factorial(3)得出 factorial(4)的返回值是 24，最后由 factorial(5)= 5×factorial(4)得出 factorial(5)的返回值是 120。factorial(5)的递归调用过程如图 3.3 所示。

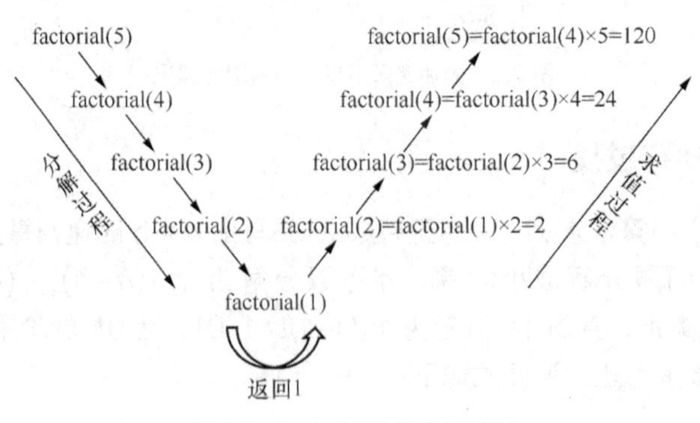

图 3.3　factorial(5)的求解过程

3.1.3　递归的设计方法

递归的设计方法是：在求解一个规模较大的复杂问题时，需要经过分析思考，将原问题分解成若干相对简单且类型相同的子问题。需要注意的是，分解出的子问题的解法必须与原问题是一致的。以此类推，直到分解出的子问题具有直接解为止，再由这个已知的解反推回去，如此通过递推求得原问题的解。适合使用递归技术求解的问题具有以下两个特征。

（1）具有可用问题自身描述的性质。

（2）某一通过有限步分解的子问题存在直接的解。

在求解具有上述特征的问题时，递归的设计方法是：

（1）通过分析写出递归式，把对原问题的求解分解成含有对子问题求解的形式。

（2）设计递归出口。

【例 3.2】汉诺塔问题。有三个塔座 A、B 和 C，开始时，塔座 A 上一共有 n 个盘子，这些盘子自上而下，由小到大地叠在一起，上面的盘子总比下面的盘子小。对盘子从小到大进行编号：1,2,⋯,n。现要求将塔座 A 上的盘子移到塔座 B 上，仍然按照同样的次序摆放。在移动盘子的时候遵循以下规则。

规则 1：每次只能移动 1 个盘子。

规则 2：任何时刻都不允许将大盘子压在小盘子上面。

规则 3：可将盘子移至 A、B 和 C 中的任一塔座上。

求解思路：考虑使用递归技术来解决这个问题。对于这个问题来说，最简单的情况是 n=1，也就是只有一个盘子，此时只需要直接将这个盘子从塔座 A 移动到塔座 B 就可以了，这个问题是有已知解的。

当 n>1 时，可以对原问题进行分解，分解成如下 3 个子问题。

子问题 1：将上面的 $n-1$ 个盘子从塔座 A 移至塔座 C。

子问题 2：将剩下的最大的盘子从塔座 A 移至塔座 B。

子问题 3：将刚才的 $n-1$ 个盘子从塔座 C 移至塔座 B。

下面举例说明当 n>1 时盘子的移动过程。

当 n=2 时，两个盘子的汉诺塔求解过程如图 3.4 所示。初始状态下，塔座 A 上有自上而下、由小到大的两个盘子，编号依次为 1,2。

步骤 1：将编号为 1 的盘子从塔座 A 移至塔座 C。

步骤 2：将剩下的编号为 2 的盘子从塔座 A 移至塔座 B。

步骤 3：将编号为 1 的盘子从塔座 C 移至塔座 B。

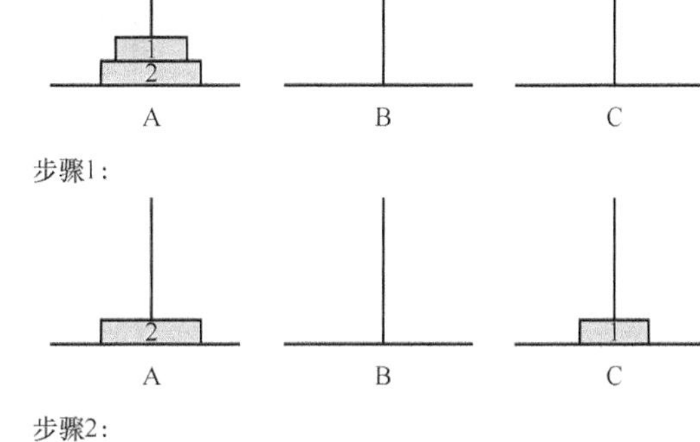

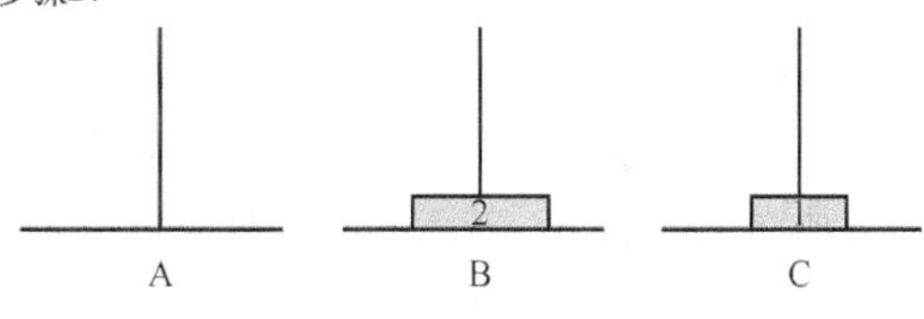

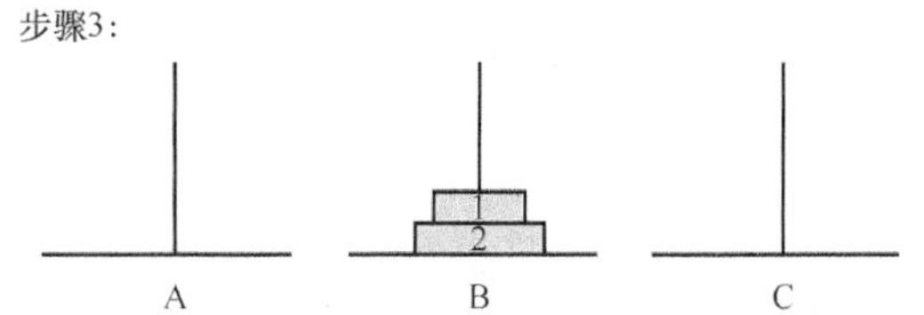

图 3.4　两个盘子的汉诺塔求解过程

当 n=3 时，3 个盘子的汉诺塔求解过程如图 3.5 所示。初始状态下，塔座 A 上有自上而下、由小到大的三个盘子，编号依次为 1,2,3。

步骤 1：将编号为 1 和 2 的盘子从塔座 A 移至塔座 C。

步骤 2：将剩下的最大编号为 3 的盘子从塔座 A 移至塔座 B。

步骤 3：将编号为 1 和 2 的盘子从塔座 C 移至塔座 B。

当 n=4 时，4 个盘子的汉诺塔求解过程如图 3.6 所示。初始状态下，塔座 A 上有自上而下、由小到大的 4 个盘子，编号依次为 1,2,3,4。

步骤 1：将编号为 1，2 和 3 的盘子从塔座 A 移至塔座 C。

步骤 2：将剩下的最大编号为 4 的盘子从塔座 A 移至塔座 B。

步骤 3：将编号为 1，2 和 3 的盘子从塔座 C 移至塔座 B。

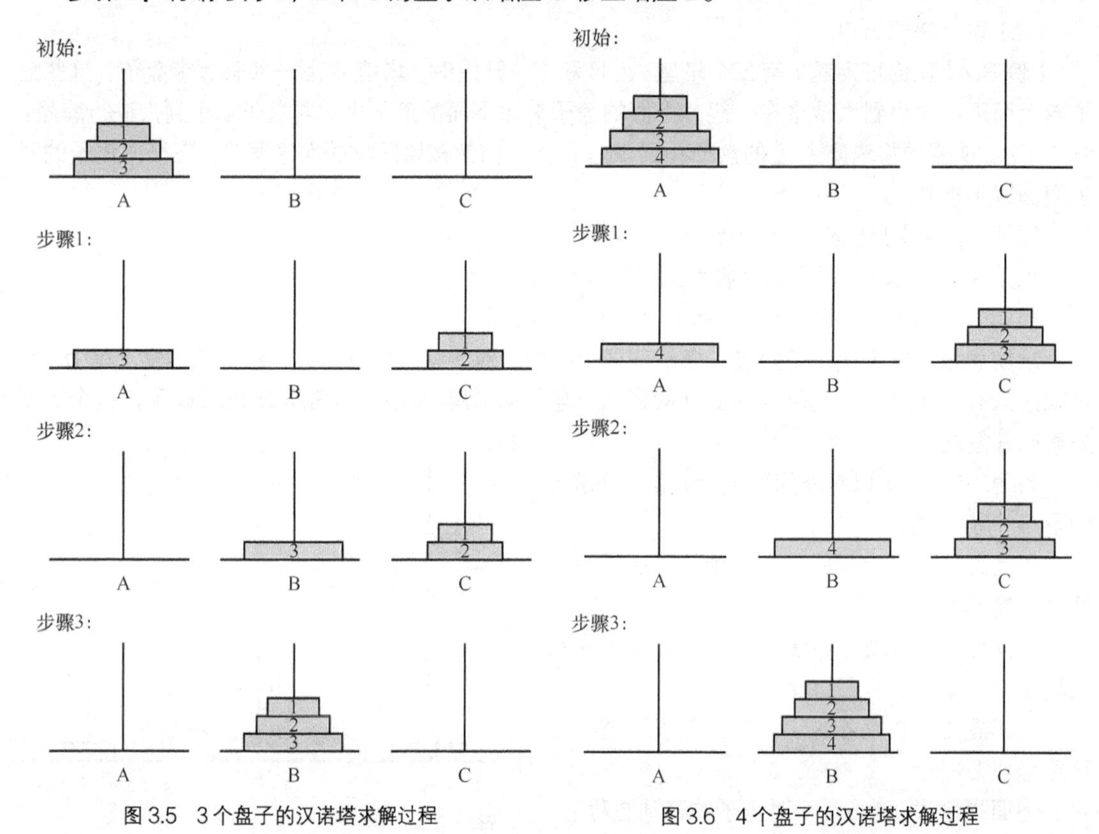

图 3.5　3 个盘子的汉诺塔求解过程　　　　图 3.6　4 个盘子的汉诺塔求解过程

以此类推，n 个盘子的汉诺塔问题在问题的分解过程中变成两个 $n-1$ 个盘子的汉诺塔问题，此时问题的规模缩小了。$n-1$ 个盘子的问题又可以分解为两个 $n-2$ 个盘子的汉诺塔问题。问题的规模在不断缩小，而后可以递归地使用上述方法进行分解，直至分解成为一个盘子的汉诺塔问题，该问题具有直接解，递归结束。

汉诺塔问题的递归设计如下：

```
void Hanoi(int n, int a, int b, int c)
 {
     if (n > 0)
       {
         hanoi(n-1, a, c, b);    //将 n-1 个盘子从塔座 A 移至塔座 C（借助塔座 B）
         move (a,b);             //将盘子从塔座 A 移至塔座 B
         hanoi(n-1, c, b, a);    //将 n-1 个盘子从塔座 C 移至塔座 B（借助塔座 A）
```

```
        }
    }
```

3.1.4 递归技术效率分析

【例 3.3】斐波那契数列源自意大利著名数学家斐波那契在《算盘全集》中提出的一个有趣的兔子繁殖问题：假设一对初生兔子要一个月才到成熟期，而一对成熟期的兔子每个月会生一对小兔子，那么从一对初生兔子开始，假设所有的兔子都不死，请计算出 n 个月后兔子的对数。

根据题意，计算第 1～10 月的兔子对数，如表 3.1 所示。

表 3.1 斐波那契数列

时间（月份）	初生兔子对数	成熟兔子对数	总对数
1	1	0	1
2	0	1	1
3	1	1	2
4	1	2	3
5	2	3	5
6	3	5	8
7	5	8	13
8	8	13	21
9	13	21	34
10	21	34	55

由表 3.1 可知，第 1 个月和第 2 个月的兔子对数是 1，从第 3 个月开始，当月的兔子对数等于前两个月兔子对数之和。由此可以得出斐波那契数列 fib(n)的递推定义：

$$\text{fib}(n)=\begin{cases}1 & \text{当}n=1\text{时}\\ 1 & \text{当}n=2\text{时}\\ \text{fib}(n-1)+\text{fib}(n-2) & \text{当}n>2\text{时}\end{cases}$$

斐波那契数列的递归设计如下：

```
long fib(int n)
  {
      if(n == 1 || n == 2)
          return 1;                          //递归出口
      else
          return fib(n-1) + fib(n-2);        //递归调用
  }
```

如图 3.7 所示，求解 fib(5)需要递归调用 fib(4)和 fib(3)，求解 fib(4)又要递归调用 fib(3)和 fib(2)，求解 fib(3)又要递归调用 fib(2)和 fib(1)，因此斐波那契数列的递归算法的时间复杂度为 $O(2^n)$。

斐波那契数列的非递归设计如下：

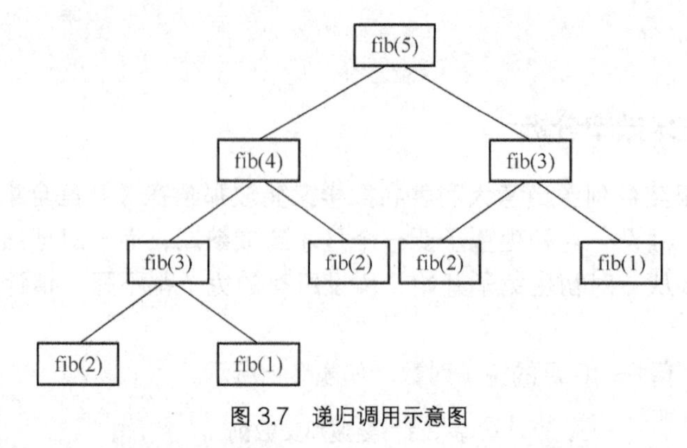

图 3.7 递归调用示意图

```
long fib1(int n)
  {
        long onepre, twopre, current;
        int i;
        if (n == 1 || n == 2)
            return 1;
        else
          {
            onepre = 1;
            twopre = 1;
            for(i = 3; i <= n; i++)
             {
               current = onepre + twopre;
               twopre = onepre;
               onepre = current;
              }
            return current;
          }
  }
```

斐波那契数列的非递归算法的时间复杂度为 $O(n)$。对比递归算法和非递归算法，发现非递归算法在计算第 n 项的值时使用的是之前已经计算得到并保存下来的第 $n-1$ 项和第 $n-2$ 项的值，时间复杂度为 $O(n)$；而递归算法在计算第 n 项的值时，必须先计算第 $n-1$ 项和第 $n-2$ 项的值，而之前求出的 fib($n-1$)和 fib($n-2$)是没有保存的，因此存在很多次重复计算的问题，导致时间复杂度增加，变为 $O(2^n)$。

使用递归技术能够使算法的结构清晰，易于理解，缺点是运行效率较低，通常情况下算法的时间复杂度要比非递归算法高。

3.1.5 递归过程

在非递归函数调用过程中，在调用被调用函数时，需要保存两类信息：调用函数的返回地址和局部变量值。当被调用函数执行完毕后，系统会恢复调用函数的局部变量值，而后根据返回地址返回到调用函数的调用处，继续执行后续语句。递归函数调用是函数嵌套调用的一种特殊情况，系统所做的工作和非递归函数被调用过程中系统要做的工作在形式上类似，但保存信息的方法有所不同。递归函数调用的是自身代码，可以把每一次递归调用理解成调用自身代码的复制件，每次递归调用时，参数和局部变量是不同的，从而保证各个复制件执行时的独立性。在系统实现的时候，其实并不是每次递归调用都需要将复制件存放到内存中，而是采用代码共享的方式——它们调用的是同一段函数代码，而系统为每一次递归调用开辟一组存储单元，用来存放两类信息：本次调用函数的返回地址和局部变量值。系统采用运行时栈的形式来存储这些数据。

每一层递归调用所需保存的信息构成运行时栈的一条记录，在每进入下一层的递归调用时，系统就会建立一条新的记录，并把这条记录入栈成为运行时栈的新栈顶；每返回一层递归调用，就出栈一条记录，把当前栈顶保留的值送回相应的局部变量进行恢复，并按栈顶中的返回地址，从调用函数的断点处继续执行。

以例 3.1 所示的递归函数为例，执行 factorial(5)时运行时栈的变化与求解过程如图 3.8 所示。

调用factorial(0)　进栈

0	1
1	1×factorial(0)
2	2×factorial(1)
3	3×factorial(2)
4	4×factorial(3)
5	5×factorial(4)

↓

返回factorial(1)　退栈

1	1×1=1
2	2×factorial(1)
3	3×factorial(2)
4	4×factorial(3)
5	5×factorial(4)

↓

返回factorial(2)　退栈

2	2×1=2
3	3×factorial(2)
4	4×factorial(3)
5	5×factorial(4)

↓

返回factorial(3)　退栈

3	3×2=6
4	4×factorial(3)
5	5×factorial(4)

↓

返回factorial(4)　退栈

4	4×6=24
5	5×factorial(4)

↓

返回factorial(5)　退栈

5	5×24=120

图 3.8　factorial(5)的运行时栈变化与求解过程

```
void main(void)
 {
     long int f;
     fn = factorial(5);
     printf ("%d", fn);
 }
```

从图 3.8 可以看出，每递归调用一次 factorial 函数，就需要进栈一次，保存调用函数的返回地址和局部变量值，最终进栈元素的个数就称为递归深度。每当遇到递归出口或完成本次递归调用时，就会退栈一次，并恢复到调用前的状态。当全部执行完毕时，栈为空。

以例 3.2 所示的递归函数为例，执行 fib(4)时运行时栈的变化与求解过程如图 3.9 所示。

函数操作	栈操作	*n*的值	函数值
调用 fib(4)	进栈	4	fib(3)+fib(2)
调用 fib(3)	进栈	3	fib(2)+fib(1)
		4	fib(3)+fib(2)
调用 fib(2)	进栈	2	1
		3	fib(2)+fib(1)
		4	fib(3)+fib(2)
返回 fib(2)	出栈	3	1+fib(1)
		4	fib(3)+fib(2)
调用 fib(1)	进栈	1	1
		3	1+fib(1)
		4	fib(3)+fib(2)
返回 fib(2)	出栈	3	1+1=2
		4	fib(3)+fib(2)
返回 fib(3)	出栈	4	3+fib(2)
调用 fib(2)	进栈	2	1
		4	3+fib(2)
返回 fib(2)	出栈	4	3+1
返回 fib(4)	出栈	4	4

图 3.9　fib(4)的运行时栈变化与求解过程

```
long fib(int n)
  {
       if(n == 1 || n == 2)
          return 1;                         //递归出口
       else
          return fib(n-1) + fib(n-2);       //递归调用
  }
```

从图 3.9 可以看出，每递归调用一次 fib 函数，就需要进栈一次，保存调用函数的返回地址和局部变量值。每当遇到递归出口或完成本次递归调用时，就会退栈一次，并恢复到调用前的状态。当全部执行完毕时，栈为空。

3.2 递归设计实例

【例 3.4】设计一个输出如下形式数值的递归算法。

n　n　n　…　n

……

3　3　3

2　2

1

解题思路如下：

首先分解这个问题，它可以分解为两个子问题：一是输出一行值为 n 的数值，二是打印 $n-1$ 行数值。当参数 $n \leqslant 0$ 时递归结束。

算法设计如下：

```
void Display(int n)
```

（1）功能：输出题目要求的 n 行数值。

（2）输入：n 的值。

（3）输出：在屏幕上输出 n 行数值。

```
void Display(int n)
  {
     int i;
     for(i = 1; i <= n; i++)
       printf("%d ",n);
       printf("\n ");
     if (n > 0)
         Display(n - 1);             //递归调用
                                     //n≤0 为递归出口，递归出口为空语句
  }
```

【例 3.5】设计一个输出如下形式数值的递归算法。

1

2　2

3　3　3

……

$n\quad n\quad n\quad \cdots\quad n$

解题思路如下：

首先分解这个问题，这道题的类型其实和例 3.3 相同，区别在于，上一题先输出，再递归调用；本题先递归调用，再输出，当参数 $n\leqslant 0$ 时递归结束。

算法设计如下：

```
void Display1(int n)
```

（1）功能：输出题目要求的 n 行数值。

（2）输入：n 的值。

（3）输出：在屏幕上输出 n 行数值。

```
void Display1(int n)
{
      int i;
      if(n>0)
         Display (n-1);                          //递归调用
                                                 //n≤0 为递归出口，递归出口为空语句
      for (i=n;i>0;i--)
         printf ("%d ",n);
      printf("\n");
}
```

主函数设计如下：

```
void main(void)
{
      int x;
      printf("请输入一个数 n:");
      scanf("%d",&x);
      Display1(x);
}
```

【例 3.6】委员会问题。问题描述：从 n 个人组成的团体中选出 $k(k\leqslant n)$ 个人组成委员会，请设计算法求出共有多少种构成方法。

解题思路如下：

从 n 个人中选出 k（$k\leqslant n$）个人的问题是一个组合问题。首先将 n 个人的位置固定，如此从 n 个人中选出 k 个人的问题就被分解成两种情况：第一种情况是，第一个人是委员会的成员，包括在 k 个人中；第二种情况是，第一个人不是委员会的成员，不包括在 k 个人中。对于第一种情况，问题就简化为从 $n-1$ 个人中选出 $k-1$ 个人的问题，这是原问题的子问题；对于第二种情况，问题就简化为从 $n-1$ 个人中选出 k 个人的问题，这也是原问题的子问题。原问题的解等于以上两部分之和。图 3.10 给出了当 $n=5$、$k=2$ 时委员会问题的分解示意图。

如图 3.10 所示，有 A、B、C、D、E 五个人，现在要选出两个人组成委员会：例如在第一次分解时，将问题分解成两种情况。第一种情况：A 在委员会中，此时委员会问题就变成从其余 4 个人中选出 1 个人的问题。第二种情况：A 不在委员会中，此时委员会问题就变成从其余 4 个人中选出 2 个人的问题。而后针对以上两种情况，继续分解问题，使用递归技术求解。

当 $n=k$ 或 $k=0$ 时，委员会问题可直接求解，解都是 1，这也是算法的递归出口。委员会问题的递推定义式如下：

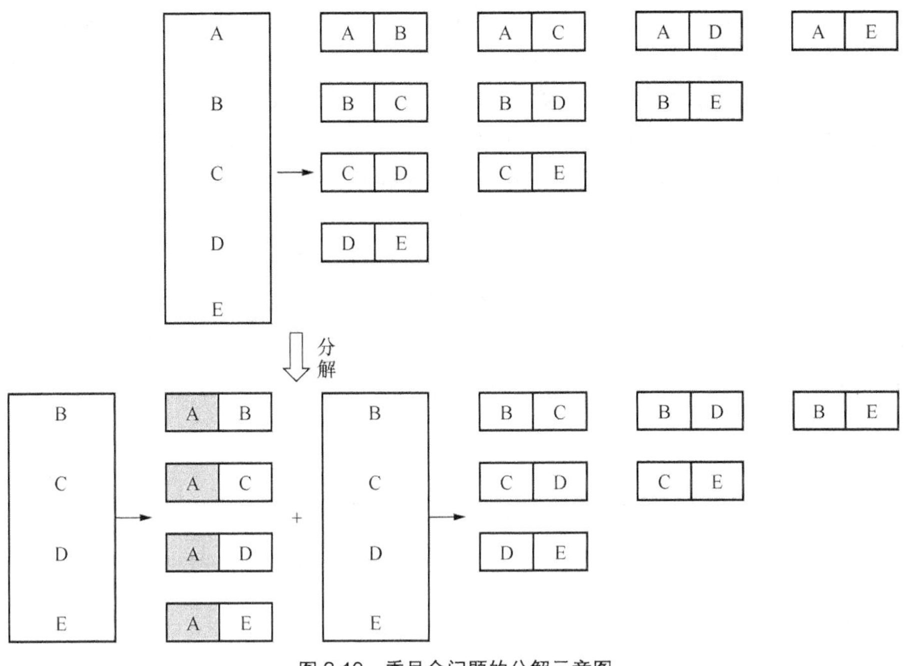

图 3.10 委员会问题的分解示意图

$$\text{committee}(n)=\begin{cases}1 & \text{当}k=0\text{时}\\ 1 & \text{当}n=k\text{时}\\ \text{committee}(n-1,k-1)+\text{committee}(n-1,k) & \text{其他}\end{cases}$$

算法设计如下：

```
int committee(int n, int k)
```

（1）功能：求解从 n 个人里选出 k 个人的方案总数。

（2）输入：n 和 k 的值。

（3）输出：在屏幕上输出方案总数。

```
int committee(int n, int k)
 {
   if (k == 0)
      return 1;            //递归出口
   if (n == k)
      return 1;                                              //递归出口
   return committee (n-1, k-1) + committee (n-1, k);    //递归调用
  }
```

【例 3.7】排队买票问题。有一场电影在售票，一张影票的价格是 50 元，现在有 $m+n$ 个人在排队等待购票，其中 m 个人拿的是面额 50 元的钞票，另有 n 个人拿的是面额 100 元的钞票。设计算法求出 $m+n$ 个人排队购票，售票处不会出现找不开钱的局面的不同排队种数。假设初始状态下售票时售票处没有零钱，拿同样面值钞票的人对换位置为同一种排队。

解题思路如下：

定义 tickets(m,n)，含义是有 m 个人拿的是面额 50 元的钞票，n 个人拿的是面额 100 元的钞票时，售票处不会出现找不开钱的局面的不同排队种数。首先考虑两类特殊情况：一是当 n=0 时，此时排队购票的所有人手中拿的都是面额 50 元的钞票，售票处不会出现找不开钱的局面，根据题意，拿同样面值钞票的人对换位置为同一种排队，因此 tickets(m,0)=1。二是当 m<n 时，购票人中手持面额 50 元钞票的人数小于手持面额 100 元钞票的人数，不管怎么样排队，即便把 m 张 50 元的钞票都用上，也仍然会出现找不开钱的局面，因此 tickets(m,n)=0。

接下来将问题也分解为两种情况。

（1）假设第 $m+n$ 个人手持面额 100 元的钞票，在他之前的 $m+n-1$ 个人中有 m 个人手持面额 50 元的钞票，有 $n-1$ 个人手持 100 元的钞票，此种情况共有 tickets(m,$n-1$)种排队。

（2）假设第 $m+n$ 个人手持面额 50 元的钞票，在他之前的 $m+n-1$ 个人中有 $m-1$ 个人手持面额 50 元的钞票，有 n 个人手持面额 100 元的钞票，此种情况共有 tickets($m-1$,n)种排队。

由此得出递推定义式如下所示：

$$\text{tickets}(m,n)=\begin{cases} 1 & n=0 \\ 0 & m<n \\ \text{tickets}(m,n-1)+\text{tickets}(m-1,n) & \text{其他} \end{cases}$$

算法设计如下：

```
long tickets(int m, int n)
```

（1）功能：$m+n$ 个人排队买票问题。

（2）输入：m 和 n 的值。

（3）输出：在屏幕上输出排队种数。

```
long tickets(int m, int n)
 {
     long y;
     if(n==0)
        y=1;
     else if(m<n)
        y=0;
     else
        y= tickets(m,n-1)+ tickets(m-1,n);          //递归调用
     return(y);
   }
```

3.3 分治法概述

前面深入介绍了递归技术及其应用，接下来将使用学到的新技能来解决问题，探索分而治之（divide and conquer，D&C）——一种实用的递归式问题解决方法，简称分治法。采用分治法分解的问题往往是原问题的较小规模的子问题，这就为使用递归技术提供了方便。在求解问题的过程中，反复应用分治策略，可以使子问题与原问题的类型一致，但规模却不断缩小，最终使子

问题缩小到很容易直接求出解，而这自然导致递归过程的产生。分治与递归相辅相成，可联合应用于算法设计。

3.3.1 分治法的基本思想

引入：假设现在有一块布，如图 3.11 所示，要求将这块布均匀地分成方块，且分得的方块要尽可能大。

思路：使用分治策略，分治策略使用递归技术，因此解决问题时主要考虑两个方面。一是找到递归出口，这种出口必须尽可能简单。二是不断将问题分解，缩小规模，直到符合递归出口条件。

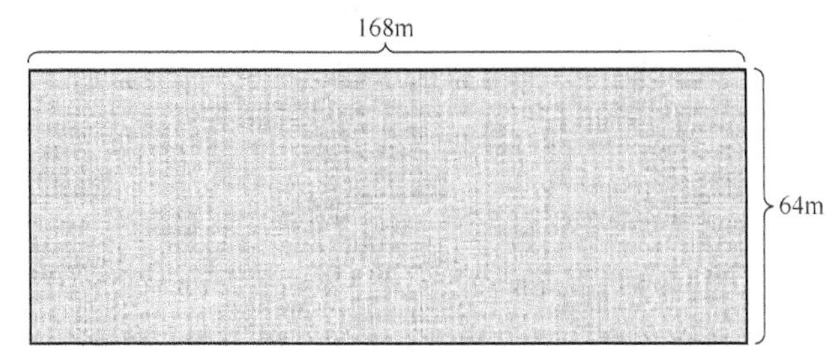

图 3.11 一块 168m × 64m 的布

第一步，先找到递归出口。对于这个问题，最容易处理的情况是，一条边的长度是另一条边的整数倍。例如，如果一条边是 20m，另一条边是 10m，就能直接将布分成两块，最大块为 10m × 10m。

第二步，分解问题，找到递归条件。根据分治策略，缩小问题规模。如何缩小问题的规模呢？找出这块布可以分出的最大方块，如图 3.12 所示。

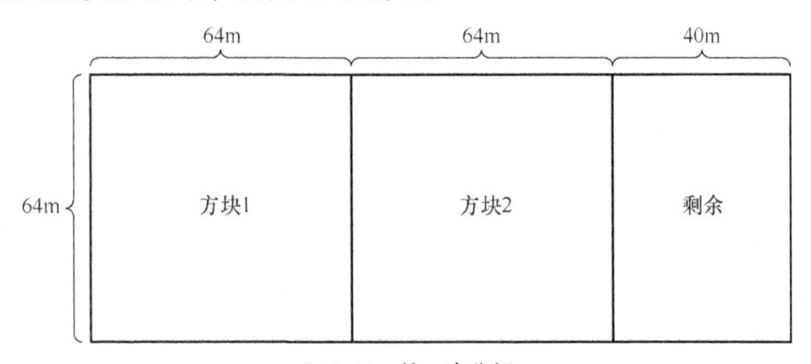

图 3.12 第一次分解

如图 3.12 所示，从这块布中分出两块 64m×64m 的布，还剩余一块 64m×40m 的布。能不能对剩余的这块布使用相同的算法呢？现在要解决的问题从划分 168m × 64m 的布转换为划分 64m × 40m 的布。

第三步，继续使用上述策略来分解问题，找出当前这块布可以分出的最大方块，如图 3.13 所示。

如图 3.13 所示，从这块布中分出一块 40m×40m 的布，还剩余一块 40m×24m 的布。当前要解决的问题从划分 64m × 40m 的布转换为划分 40m × 24m 的布。

第四步，继续使用上述策略来分解问题，找出当前这块布可以分出的最大方块，如图 3.14 所示。

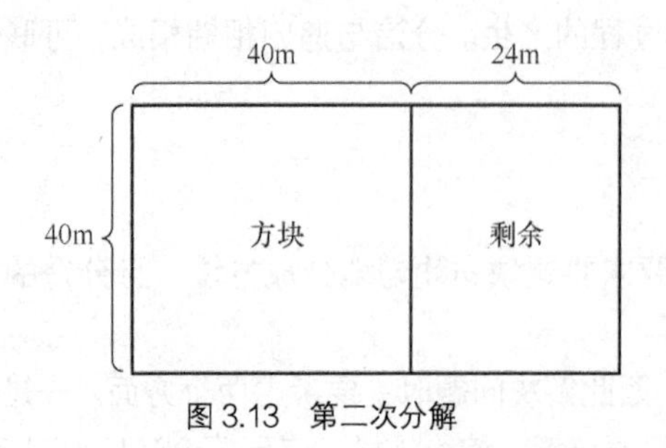

图 3.13 第二次分解

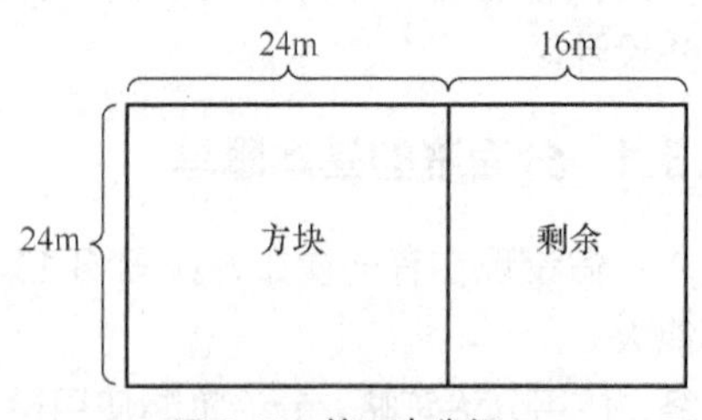

图 3.14 第三次分解

如图 3.14 所示，从这块布中分出一块 24m×24m 的布，还剩余一块 24m×16m 的布。当前要解决的问题从划分 40m × 24m 的布转换为划分 24m × 16m 的布。

第五步，继续使用上述策略来分解问题，找出当前这块布可以分出的最大方块，如图 3.15 所示。

如图 3.15 所示，从这块布中分出一块 16m×16m 的布，还剩余一块 16m×8m 的布。当前要解决的问题从划分 24m×16m 的布转换为划分 16m × 8m 的布。16m × 8m 满足递归出口条件，因为 16 是 8 的整数倍。因此，接下来只需要将这块布分成两块 8m × 8m 的布即可，如图 3.16 所示。

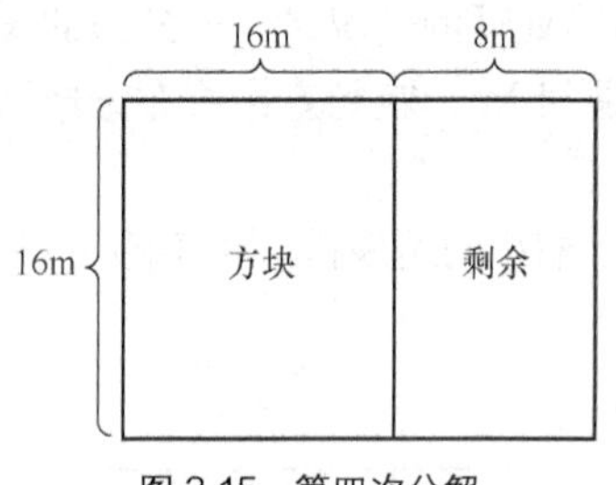

图 3.15 第四次分解

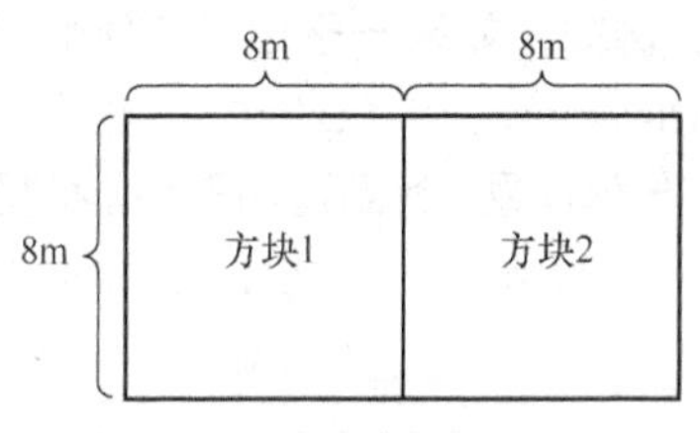

图 3.16 递归出口

由此划分完成，不剩下任何布了，该问题的解是：对于 168m × 64m 的布，均匀划分方块所得的最大方块尺寸是 8m×8m。

分治策略就是把一个复杂的问题分解成多个相同或相似的子问题，这些子问题互相独立且与原问题形式相同，如无直接解的话，再把子问题分成更小的子问题……直到最后得出的子问题可以简单地直接求解为止，原问题的解来源于子问题解的合并。

分治法的思想主要包括以下 3 个部分。

- 分：将原问题逐步分解成规模更小的子问题，子问题要与原问题的解法一致。
- 治：将分解出的这些子问题逐个解决，若子问题规模较小且容易解决，则直接求解，否则递归解决各个子问题。
- 合：将已经得出解的子问题合并，最终得出原问题的解。

分治法适用的问题具有以下特征。

- 问题的规模缩小到一定的程度后能够容易求出解。
- 问题能够分解为若干规模较小的与原问题一致的子问题。
- 分解出的子问题的解能够合并得出原问题的解。
- 分解出的各个子问题之间是相互独立的，也就是说，子问题之间不包含公共的子问题。

3.3.2 快速排序

1. 基本思想

快速排序采用的是分治策略，步骤如下。

（1）划分：选定第一个记录作为基准值，将整个序列 $a_1,a_2,\cdots,a_n$ 划分为两个子序列 $a_1,a_2,\cdots,a_{i-1}$ 和 $a_{i+1},\cdots,a_n$。在前面的子序列中，数据元素的值均小于或等于基准值；在后面的子序列中，数据元素的值均大于或等于基准值。把基准值放在这两个子序列的中间位置 a_i 上。

（2）求解子问题：若每个子序列内只有一个记录或为空，则它是有序的，直接返回；否则递归地求解各个子问题。

（3）合并：由于对子序列 $a_1,a_2,\cdots,a_{i-1}$ 和 $a_{i+1},\cdots,a_n$ 的排序是就地进行的，因此合并不需要执行任何操作。

快速排序的基本思想：取第一个记录作为基准，设置两个变量 *i* 和 *j*，用初始值分别标识本次划分区间的上限和下限；先从右侧往左开始扫描，将基准值与 *j* 指向的数据元素做比较，*a*[*j*]>基准值，则 *j*--，继续比较前一个数据元素，直到 *a*[*j*]<基准值为止，此时出现反序，将 *a*[*j*]赋值给 *a*[*i*]，转为从左侧往右开始扫描；从左侧开始扫描，将基准值与 *i* 指向的数据元素做比较，*a*[*i*]<基准值，则 *i*++，继续比较后一个数据元素，直到 *a*[*i*]>基准值为止，此时出现反序，将 *a*[*i*]赋值给 *a*[*j*]，再转为从右侧往左开始扫描；重复上述左右交替扫描过程，直到 *i* 与 *j* 指向同一位置，这就是基准值的最终位置。此时原数据序列已划分为两个子序列，接下来对这两个子序列进行快速排序，重复上述排序过程，直至每个子序列内只有一个记录或为空，此时排序结束。

如图 3.17 所示，对数据序列{32,15,11,26,53,87,3,61}进行快速排序，其中有序区用[ ]括起来。

初始数据序列：	32	15	11	26	53	87	3	61
第一趟排序：	3	15	11	26	[32]	87	53	61
第二趟排序：	[3]	15	11	26	[32]	61	53	[87]
第三趟排序：	[3]	11	[15]	26	[32]	53	[61]	[87]
排序结果：	[3]	11	[15]	26	[32]	53	[61]	[87]

图 3.17 快速排序过程

如图 3.18 所示，定义数组 *a*[8]用来存放待排序的数据序列，变量 *i* 的初始值是第一个数据元素的下标 0，变量 *j* 的初始值是最后一个数据元素的下标 7。在第一趟快速排序过程中，先将基准值 32 存放到变量 temp 中，接下来从右侧往左开始扫描，将基准值 32 与 *j* 指向的数据元素做比较。在第一次比较时，*a*[*j*]=61，有 61>32，执行 *j*--；在第二次比较时，*a*[*j*]=3，有 3<32，此时出现反序，执行 *a*[0]=*a*[6]和 *i*++，转为从左侧往右开始扫描。将基准值 32 与 *i* 指向的数据元素做比较，在第一次比较时，*a*[1]=15，有 15<32，执行 *i*++；在第二次比较时，*a*[2]=11；有 11<32，执行 *i*++；在第三次比较时，*a*[3]=26，有 26<32，执行 *i*++；在第四次比较时，*a*[4]=53，有 53>32，执行 *a*[6]=*a*[4]，*j*--，再次转为从右侧往左开始扫描。将基准值 32 与 *j* 指向的数据元素做比较，在第一次比较时，*a*[5]=87，有 87>32，执行 *j*--，此时 *i* 与 *j* 指向同一位置，这就是基准值 32 的最终位置，执行 *a*[4]=32，第一趟排序结束。

a[0]	a[1]	a[2]	a[3]	a[4]	a[5]	a[6]	a[7]
32	15	11	26	53	87	3	61
↑ i							↑ j
a[0]	a[1]	a[2]	a[3]	a[4]	a[5]	a[6]	a[7]
32	15	11	26	53	87	3	61
↑ i						↑ j	
a[0]	a[1]	a[2]	a[3]	a[4]	a[5]	a[6]	a[7]
3	15	11	26	53	87	32	61
	↑ i					↑ j	
a[0]	a[1]	a[2]	a[3]	a[4]	a[5]	a[6]	a[7]
3	15	11	26	53	87	32	61
		↑ i				↑ j	
a[0]	a[1]	a[2]	a[3]	a[4]	a[5]	a[6]	a[7]
3	15	11	26	53	87	32	61
			↑ i			↑ j	
a[0]	a[1]	a[2]	a[3]	a[4]	a[5]	a[6]	a[7]
3	15	11	26	53	87	32	61
				↑ i		↑ j	
a[0]	a[1]	a[2]	a[3]	a[4]	a[5]	a[6]	a[7]
3	15	11	26	32	87	53	61
				↑ i	↑ j		
a[0]	a[1]	a[2]	a[3]	a[4]	a[5]	a[6]	a[7]
3	15	11	26	32	87	53	61
				↑↑ i j			

图 3.18　快速排序的第一趟排序过程

2. 算法设计

```
int Partition(int a[],int i,int j)
```

（1）功能：完成一轮快速排序划分。

（2）输入：存放原始数据序列的数组 $a[0\sim(n-1)]$，待排序数据序列的上限 i 和下限 j。

（3）输出：划分完毕后基准值的最终位置。

```
int Partition(int a[],int i,int j)
  {
      int temp=a[i];              //用待排序数据序列的第 1 个记录作为基准值
      while (i!=j)                //从序列的左右两端交替向中间位置扫描，直至 i=j 为止
        {
            while (j>i && a[j]>=temp)
            j--;                  //从右向左扫描，找到第 1 个关键字小于 temp 的 a[j]
```

```
            a[i]=a[j];           //将 a[j]移到 a[i]的位置
            while (i<j && a[i]<=temp)
                i++;             //从左向右扫描，找到第 1 个关键字大于 temp 的 a[i]
            a[j]=a[i];           //将 a[i]移到 a[j]的位置
           }
        a[i]=temp;
        return i;                //返回基准值的下标
    }
void Quicksort(int a[],int s,int t)
```

（1）功能：用快速排序法对给定数组 a 进行排序。

（2）输入：存放原始数据序列的数组 $a[0\sim(n-1)]$，待排序数据序列的上限 i 和下限 j。

（3）输出：数组 $a[0\sim(n-1)]$按升序排序。

```
void Quicksort(int a[],int s,int t)
  {
     int i;
     if (s<t)                    //数据序列中至少存在两个元素
       {
         i=Partition(a,s,t);   //将划分后的基准值的下标赋值给 i
         Quicksort(a,s,i-1);   //对左子序列进行递归排序
         Quicksort(a,i+1,t);   //对右子序列进行递归排序
       }
  }
```

3.3.3　二路归并排序

1. 基本思想

二路归并排序采用的也是分治策略，步骤如下。

（1）分解：将待排序序列 $a_1,a_2,\cdots,a_n$ 划分为两个长度相等的子序列 $a_1,\cdots,a_{[(n+1)/2]}$ 和 $a_{[(n+1)/2+1]},\cdots,a_n$；递归地对两个子序列进行分解。终结条件是子序列的长度为 1。

（2）合并：递归地将已排序的两个子序列合并成一个有序子序列。

二路归并排序的基本思想：首先将整个序列划分为长度相等的两个子序列，如子序列的长度为 1，则划分结束，否则继续划分，最终把含有 n 个待排序元素的数据序列划分成为 n 个长度为 1 的有序子序列；然后将相邻的子序列两两合并，得到 $n/2$ 个长度为 2 的有序子序列，再进行两两合并……直到得到长度为 n 的有序序列。

对数据序列{32,15,11,26,53,87,3,61}进行二路归并排序，图 3.19 展示了使用数组 $a[8]$存放待排序数据序列的过程。

2. 算法设计

```
Merge(int a[ ], int a1[ ], int low, int mid, int high)
```

（1）功能：合并有序子序列。

（2）输入：原始数据序列 $a[\,]$、下限 low、中间位置 mid 和上限 high。

（3）输出：合并后的数据序列 $a1[\,]$。

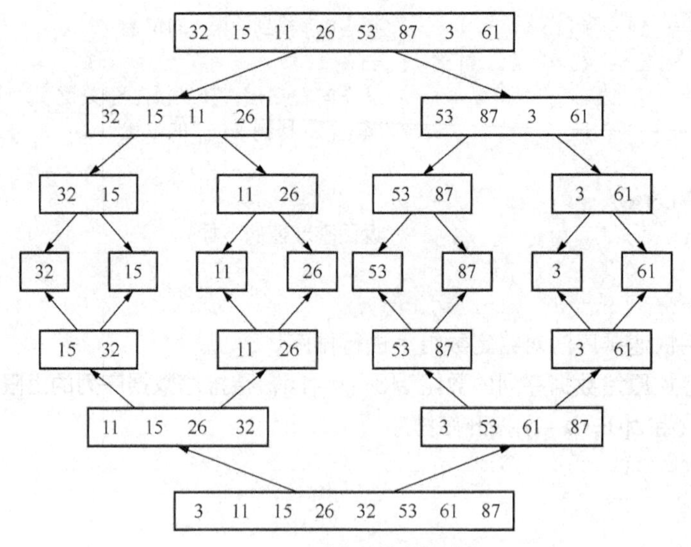

图 3.19 二路归并排序的过程

```
void Merge(int a[ ], int a1[ ], int low, int mid, int high)
  {             //将 a[low..mid]和 a[mid+1..high]合并为 a[low..high]
     i=low;
     j=mid+1;
     k=0;
     while (i<=mid && j<=high)
       {
          if (a[i]<=a[j])
             a1[k++]=a[i++];      //取 a[i]和 a[j]中的较小者放入 a1[k]
          else
             a1[k++]=a[j++];
       }
      while (i<=mid)              //将第一个子序列的剩余数据元素复制到数组 a1 中
        a1[k++]=a[i++];
      while (j<=high)             //将第二个子序列的剩余数据元素复制到数组 a1 中
        a1[k++]=a[j++];
    }

Mergesort(int r[ ], int r1[ ], int s, int t)
```

（1）功能：用二路归并排序法对给定数组进行排序。

（2）输入：存放原始数据序列的数组 *r*[ ]，待排序数据序列的下限 *s* 和上限 *t*。

（3）输出：排好序的数组 *r*1[ ]。

```
void Mergesort(int r[ ], int r1[ ], int s, int t)
  {
    int m;
    if (s==t)
        r1[s]=r[s];
    else
    {
```

```
        m=(s+t)/2;
        Mergesort(r, r1, s, m);                //归并排序前半个子序列
        Mergesort(r, r1, m+1, t);              //归并排序后半个子序列
        Merge(r1, r, s, m, t);                 //合并两个已排好序的子序列
    }
}
```

3.3.4　二分查找

1. 基本思想

二分查找采用的是分治策略，步骤如下。

（1）分：将待查找的数据序列分成两个长度相等的子序列，取中间元素与 key 进行比较。

（2）治：如果相等，查找成功，结束查找；如果不相等，在子序列中进行递归查找。

（3）合：由于实际上并没有把数据序列分开，因此无须进行合并。

二分查找的前提条件是数据序列必须是有序的，假设数据序列按升序排列，定义 3 个变量 low、mid 和 high，分别表示当前待查找区间的下限、中间和上限位置。初始状态下，low=0，high=n−1，待查找的数据元素为 key。a[low]…a[high]是当前待查找区间。

（1）计算当前待查找区间的中间位置 mid=[(low+high)/2]。

（2）如果 key==a[mid]，查找成功，结束查找并返回数据元素的下标。

（3）如果 key<a[mid]，那么 key 可能位于数据元素 a[mid]的左边，新的查找区间应是前半区 a[low]…a[mid−1]，因此修改查找范围，令上限 high=mid−1，下限 low 的值保持不变。

（4）如果 key>a[mid]，那么 key 可能位于数据元素 a[mid]的右边，新的查找区间应是后半区 a[mid+1]…a[high]，因此修改查找范围，令下限 low=mid+1，上限 high 的值保持不变。

（5）比较当前变量 low 和 high 的值，如果 low≤high，重复步骤（1）~（4）；如果 low>high，表明查找结束，数据序列中没有关键字为 key 的数据元素，查找失败。

定义数组 a[]用来存放待排序的数据序列，在{5,10,16,21,32,43,60,78}中运用二分查找法查找数据元素 16 的过程如图 3.20 所示：在第一次查找中，low=0，high=7，mid=[(0+7)/2]=3，经比较 16<a[3]，修改查找范围，令上限 high=mid−1=2；在第二次查找中，low=0，high=2，mid=[(0+2)/2]=1，经比较 16>a[1]，修改查找范围，令下限 low=mid+1=2；在第三次查找中，low=2，high=2，mid=[(2+2)/2]=2，经比较 16==a[2]，查找成功，返回值为 2。

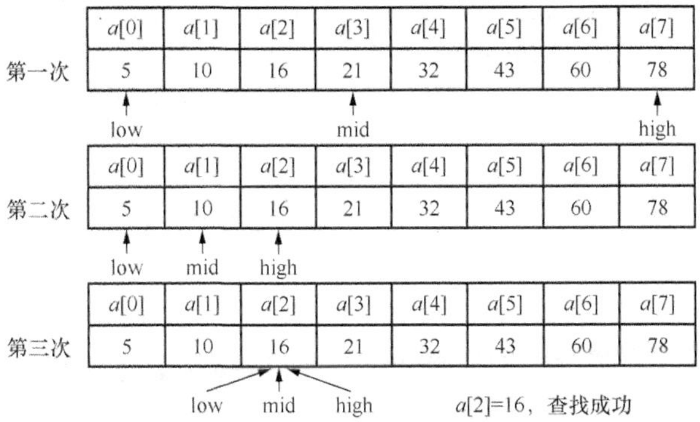

	a[0]	a[1]	a[2]	a[3]	a[4]	a[5]	a[6]	a[7]
第一次	5	10	16	21	32	43	60	78
	low			mid				high

	a[0]	a[1]	a[2]	a[3]	a[4]	a[5]	a[6]	a[7]
第二次	5	10	16	21	32	43	60	78
	low	mid	high					

	a[0]	a[1]	a[2]	a[3]	a[4]	a[5]	a[6]	a[7]
第三次	5	10	16	21	32	43	60	78
			low mid high					

a[2]=16，查找成功

图 3.20　查找数据元素 16 的过程

在{5,10,16,21,32,43,60,78}中运用二分查找法查找数据元素 57 的过程如图 3.21 所示：在第一次查找中，low=0，high=7，mid=[(0+7)/2]=3，经比较 57>*a*[3]，修改查找范围，令下限 low=mid+1=4；在第二次查找中，low=4，high=7，mid=[(4+7)/2]=5，经比较 57>*a*[5]，修改查找范围，令下限 low=mid+1=6；在第三次查找中，low=6，high=7，mid=[(6+7)/2]=6，经比较 57<*a*[6]，修改查找范围，令上限 high=mid−1=5，此时 low>high，查找失败。

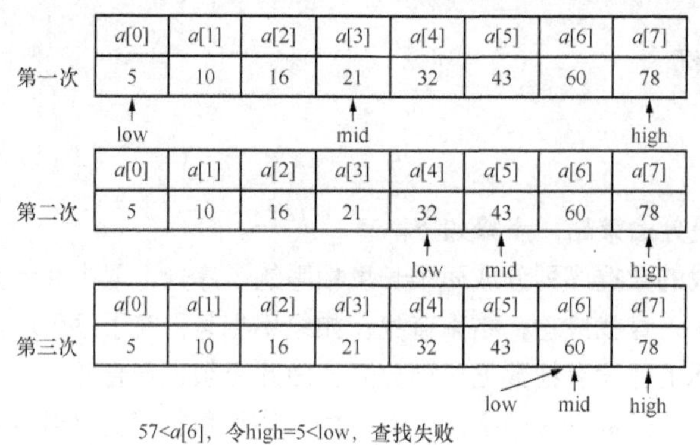

图 3.21　查找数据元素 57 的过程

2. 算法设计

算法 int BinSearch(int a[],int low,int high,int key)

（1）功能：用二分查找法在数组 *a* []中查找数据元素 key。

（2）输入：存放数据序列的数组 *a* []，当前待查找区间的下限 low 和上限 high，待查找数据元素 key 的值。

（3）输出：如果查找成功，返回数据元素的下标，否则返回−1。

```
int BinSearch(int a[],int low,int high,int key)
 {
      int mid;
      if (low<=high)                     //当前区间内存在元素时
       {
          mid=(low+high)/2;              //求查找区间的中间位置
          if (a[mid]==key)               //查找成功后返回下标 mid
              return mid;
          if (key<a[mid])                //当 key<a[mid]时，在前半区查找
              return BinSearch(a,low,mid-1,key);
           else                          //当 key>a[mid]时，在后半区查找
              return BinSearch(a,mid+1,high,key);
          }
       else return -1;                   //查找失败时返回-1
   }
```

3.4 分治法示例

【例 3.8】最大值与最小值问题。题目描述：给定若干整数，要求使用分治法求出最大值和最小值。

解题思路如下：

采用分治策略，当数据序列中只有一个或两个元素时最大值与最小值是最容易求解的。于是首先将数据序列均分为两个子数据序列，如果子数据序列中的元素超过两个，就继续分解为两个更小的数据序列，直到数据序列中只有一个或两个元素为止。而后递归解决各子问题，最终得到原问题的解，具体分治过程如图 3.22 所示。

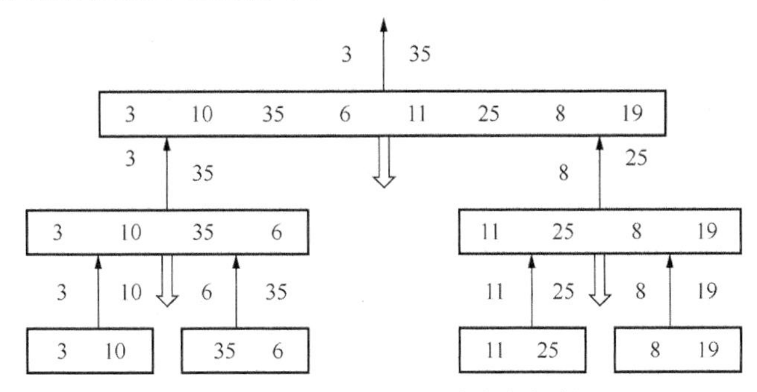

图 3.22　求最大值与最小值的分治过程

算法设计如下：

```
min_max(int a[],int low,int high, int &max,int &min)
```

（1）功能：求最大值与最小值。

（2）输入：数组 a[]、当前数据区间的下限 i 和上限 j。

（3）输出：max 和 min。

```
void min_max(int a[],int low,int high, int &max,int &min)
 {
   int mid,max1,max2,min1,min2;
   if(low == high)                                //只有一个数据元素的情况
    {
        max=a[low];
        min=a[low];
        return ;
    }
  if(high == low +1)                              //只有两个数据元素的情况
   {
     if(a[low]>a[high])
       {
          min=a[high];
          max=a[low];
       }
      else
       {
          min=a[low];
          max=a[high];
       }
    }
  else
    {
```

```
        mid=( low + high)/2;                        //计算中间位置
        min_max(a, low,mid,min1,max1);              //前半区递归调用
        min_max(a,mid+1, high,min2,max2);           //后半区递归调用
        if(min1>min2)
           min=min2;
        else
           min=min1;
        if(max1>max2)
           max=max1;
        else
         max=max2;
     }
  }
```

【例 3.9】循环赛日程安排。问题描述：假设有 $n=2^k$ 个选手参加循环赛，请设计满足以下要求的比赛日程表。

（1）每个选手都必须与其他 $n-1$ 个选手比赛一次。

（2）每个选手一天只能参赛一次。

解题思路如下：

比赛日程表是一张 n 行 $n-1$ 列的二维表，第 i 行第 j 列的数据表示第 i 个选手在第 j 天比赛的对手。运用分治策略分解问题，将参赛的所有选手等分成两部分，每部分的人数是 $n/2=2^{k-1}$，通过为 2^{k-1} 个选手设计的比赛日程表来决定 2^k 个选手的比赛日程。如此继续执行分解，直到只剩下两个选手为止。两个选手的比赛日程表可以简单直接求出，比赛日程表就可以通过这样的分治策略逐步构建。当 $k=1$ 时，得到只有两个选手的比赛日程表，如图 3.23 所示。

当 $k=2$ 时，此时选手的人数为 $2^2=4$，比赛日程表如图 3.24 所示。

1	2
2	1

图 3.23　$2^k(k=1)$个选手的比赛日程表

1	2	3	4
2	1	4	3
3	4	1	2
4	3	2	1

图 3.24　$2^k(k=2)$个选手的比赛日程表

当 $k=3$ 时，此时选手的人数为 $2^3=8$，比赛日程表如图 3.25 所示。

1	2	3	4	5	6	7	8
2	1	4	3	6	5	8	7
3	4	1	2	7	8	5	6
4	3	2	1	8	7	6	5
5	6	7	8	1	2	3	4
6	5	8	7	2	1	4	3
7	8	5	6	3	4	1	2
8	7	6	5	4	3	2	1

图 3.25　$2^k(k=3)$个选手的比赛日程表

由图 3.25 可以得知，比赛日程表的求解过程是自底向上的递归过程，其中左上角是 1~4 号选手前 4 天的比赛日程，左下角是 5~8 号选手前 4 天的比赛日程。将左上角部分的数据按对应位置复制到右下角，就安排好了 5~8 号选手后 4 天的比赛日程。将左下角部分的数据按对应位置复制到右上角，就安排好了 1~4 号选手后 4 天的比赛日程。对于更多选手的情况，可以依此类推。

本题的分治策略是把求解 2^k 个选手的比赛日程问题分解成依次求解 $2^1,2^2,\cdots,2^k$ 个选手的比赛日程问题，2^k 个选手的比赛日程是在 2^{k-1} 个选手的比赛日程的基础上推算出的。在构造比赛日程表时，主要分 4 部分来考虑。

（1）左上角：左上角为前 2^{k-1} 个选手在前半程的比赛日程安排。

（2）左下角：左下角为后 2^{k-1} 个选手在前半程的比赛日程安排，由左上角加 2^{k-1} 得到。

（3）右上角：将左下角复制到右上角，得到前 2^{k-1} 个选手在后半程的比赛日程安排。

（4）右下角：将左上角复制到右下角，得到后 2^{k-1} 个选手在后半程的比赛日程安排。

算法设计如下：

```
void schedule(int k, int a[ ][ ])
```

（1）功能：生成比赛日程表。

（2）输入：选手人数 k。

（3）输出：表示比赛日程安排表的数组 $a[\,][\,]$。

```
void schedule(int k, int a[ ][ ])
  {
        n=2;                                          //k=0,2 个选手的比赛日程
        a[1][1]=1; a[1][2]=2;
        a[2][1]=2; a[2][2]=1;
        for (t=1; t<k; t++)
         {
           temp=n;
            n=n*2;
            for (i=temp+1; i<=n; i++ )                //计算左下角数据
              for (j=1; j<=temp; j++)
                   a[i][j]=a[i-temp][j]+temp;
            for (i=1; i<=temp; i++)                   //计算右上角元素
              for (j=temp+1; j<=n; j++)
                   a[i][j]=a[i+temp][(j+temp)% n];
            for (i=temp+1; i<=n; i++)                 //计算右下角元素
              for (j=temp+1; j<=n; j++)
                   a[i][j]=a[i-temp][j-temp];
         }
  }
```

3.5 本章小结

（1）递归的基本思想：函数直接或间接地调用自己，这类函数被称为递归函数，关键是找出

递归式和和递归出口。

（2）分治法的基本思想：把一个复杂的问题分解成多个相同或相似的子问题，这些子问题互相独立且与原问题形式相同；如无直接解的话，再把子问题分成更小的子问题……直到最后得出的子问题可以简单地直接求解为止；原问题的解来源于子问题解的合并。

习题 3

一、填空题

1. 在冒泡排序、插入排序和快速排序算法中，________算法是分治算法。
2. 递归算法设计的关键在于找出________和________。
3. 二分查找和二路归并排序等算法均采用了________策略。

二、问答题

1. 简述递归的定义，什么叫直接递归？什么叫间接递归？
2. 在什么情况下适合使用递归技术？
3. 简述递归设计的一般方法。
4. 简述分治法的基本思想。
5. 简述分治法设计的一般步骤。
6. 简述二分查找算法的基本过程。
7. 快速排序算法在最坏情况下需要执行多少次比较运算？
8. 简述二路归并排序的分治思路。
9. 分治法所能解决的问题具有哪些特征？

三、应用题

1. 给出一组关键字 K={11,9,3,20,56,32}，写出应用下列算法排序时，每轮排序中关键字的排列状态。

（1）快速排序。

（2）二路归并排序。

2. 已知数据序列 A={13,29,87,16,37,1,26,21,2}，完成下列排序和查找问题：

（1）用快速排序算法对数据序列进行递增排序，写出排序过程。

（2）运用分治策略，设计二分查找的递归算法。

（3）设计二分查找的非递归算法。

（4）使用上述算法搜索如下数据并写出搜索过程：29,31,2。

四、算法设计题

1. 请设计递归算法求 $n!$（n 为正整数），并写出 n=6 时递归算法的执行过程。

2. 已知母羊每年会生一只小母羊，新出生的小母羊三年后长大也能每年生一只小母羊，假设母羊不会死，请设计算法求经过 n 年后母羊的数量。

3. 运动会开了 N 天，一共发出金牌 M 枚。第一天发金牌 1 枚加剩下的七分之一枚，第二天发金牌 2 枚加剩下的七分之一枚，第 3 天发金牌 3 枚加剩下的七分之一枚，以后每天都照此办理。到了第 N 天刚好还有金牌 N 枚，到此金牌全部发完，请设计算法求 N 和 M。

4. 某种传染病第一天只有一个患者，前 5 天为潜伏期，不发作也不会传染人，第 6 天开始发作，从发作到治愈需要 5 天时间，在此期间每天传染 3 个人，求第 N 天共有多少患者。

5. 已知数据序列 $A=\{k_1,k_2,k_3,\cdots,k_n\}$，其中可能有重复的元素，请用分治策略设计算法以计算不同排列的种数。

6. 现有 n 枚金币，其中有一枚假币，假币相比其他金币的重量要轻，请用分治策略设计算法，找出这枚假币。

（1）写出算法的主要思路及时间复杂度。

（2）讨论 n 为奇数和偶数两种情形。

7. 求逆序对数。已知数列 $a_1,a_2,\cdots,a_n$，请设计算法，求出数列中的逆序对数，逆序是指 $i<j$ 并且 $a_i>a_j$。

8. 矩形覆盖问题。2×1 的小矩形能够横向或竖向覆盖更大的矩形。假设有一个 $2\times n$ 的大矩形，用 n 个 2×1 的小矩形无重叠地去覆盖它，请设计算法，求出共有多少种方法。

9. 有场电影在售票，一张影票的价格是 50 元，现在有 $m+n$ 个人在排队等待购票，其中有 m 个人拿的是面额 50 元的钞票，另有 n 个人拿的是面额 100 元的钞票。请设计算法，求出 $m+n$ 个人排队购票，售票处不会出现找不开钱的局面的不同排队种数（假设初始状态下，售票时售票处没有零钱，拿同样面值钞票的人对换位置为同一种排队）。

10. 格雷码是指一种长度为 2^n 的序列，这种序列中不存在重复元素，并且每个元素都是长度为 n 的二进制位串，相邻元素恰好只有 1 位不同。例如长度为 2^3 的格雷码为(000, 001, 011, 010, 110, 111, 101, 100)，请运用分治策略构造格雷码。

实训3

1. 实训题目

（1）编写求序列 $1,2,3,\cdots,n$ 中 n 个数累加和的算法，要求用递归技术，并编写主函数进行测试。将源程序与运行结果写在下面。

输入描述：

输入一行数据：

n 的数值。

输出描述：

n 个数的累加和。

（2）编写在有序数组中查找数据元素 k 是否存在的算法，以在序列{85,63,52, 34,25,17,6}中查找数据元素 6 为例，编写主函数进行测试。将源程序与运行结果写在下面。

输入描述：

输入如下两行数据。

- 数据序列。

- 待查找的关键字 k。

输出描述：

关键字 k 是否存在。

（3）编写程序，输出如下形式的数值：

1

2　2

3　3　3

4　4　4　4

……

n　n　n　$n \cdots n$

要求分别使用递归算法和非递归算法来完成，编写主函数并进行测试(n=8)。将源程序与运行结果写在下面。

输入描述：

输入一行数据：

n 的数值。

输出描述：

1

2　2

3　3　3

4　4　4　4

……

8　8　8　8 … 8

2. 实训目标

（1）理解递归技术与分治法的含义。

（2）熟悉和掌握分治法解题的基本步骤。

3. 实训要求

（1）设计出求解问题的算法。

（2）对设计的算法采用大 O 符号进行算法的时间复杂度分析。

（3）上机实现算法。

4 Chapter

第4章 贪心法

本章导读：

贪心法的基本思想是把复杂问题分解成若干个简单问题，每一步都做出在当前来看最好的选择，直至获得问题的完整解。由于未考虑整体最优解，因此贪心法并不一定针对所有问题都能获得整体最优解，但是对于范围相当广泛的问题，贪心法能够产生整体最优解或者整体最优解的近似解。

（1）理解贪心法的基本思想；

（2）理解运用贪心策略解决典型应用问题的思想；

（3）掌握贪心法的算法分析与设计步骤。

4.1 贪心法概述

4.1.1 贪心法的基本思想

引入 1：教室调度问题。现有如表 4.1 所示课程表，需要安排尽可能多的课程到某间教室。

表 4.1 课程表

课程名称	开始时间	结束时间
高数	8:00	9:30
电子商务	8:30	10:00
数据结构	9:30	12:00
计算机基础	10:00	11:00
C 语言	11:30	12:30

思路：由于有些课程之间有时间冲突，因此没有办法将所有课程都安排到这间教室。根据课程表，画出课程的时间轴，如图 4.1 所示。

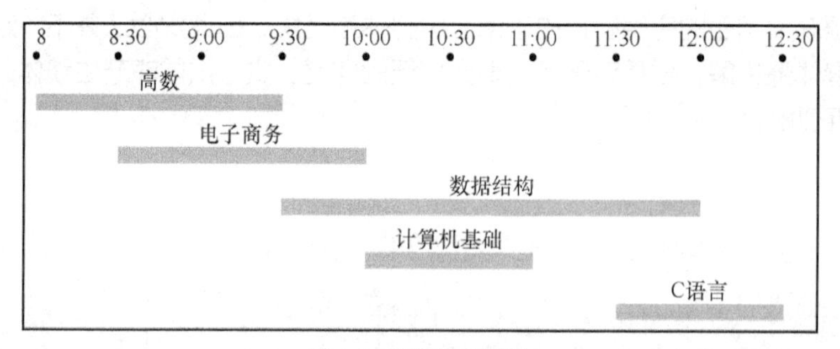

图 4.1 课程的时间轴

如何选出尽可能多并且时间又不冲突的课程呢？为了确定策略，可按照一定的顺序来选择不冲突的课程，尽量多安排。这里至少有两种看似合理的策略：一是按照最早开始时间，这样可以提高资源的利用率；二是按照最早结束时间，这样可以使下一课程尽早开始，尽可能多地安排课程。显然，在本题中，第二种策略更合适，因此采用如下方法来选择课程：首先选出结束时间最早的课程，作为在这间教室上的第一门课；然后必须选择第一门课结束后才开始的课程，选择其中结束最早的课程；如此重复，最终得出答案。对于上面这道题，按照规则，选择结束最早的高数，作为在这间教室上的第一门课程，结束时间是 9:30；之后开始的课程有数据结构、计算机基础和 C 语言这三门课程，它们之中结束最早的课程是计算机基础，因此选它作为在这间教室上的第二门课程，结束时间是 11:00；之后开始的课程就只有 C 语言这门课程了，因此选它作为在这间教室上的第三门课程，完成课程的安排。

上题中采用的策略就是贪心法，优点是简单易行，贪心法在每一步都采取最优的做法。在这个例子中，每一次都选择结束最早的课程。也就是说，每一步都选择局部最优解，最终得到全局最优解。对于这个教室安排问题，上述简单算法找到的就是最优解。显然，贪心法并不是在任何情况下都行之有效，接下来再看一个例子。

引入2：背包问题。假设你有一个背包，背包的承重是20kg，现在有一些物品（详见表4.2所示物品清单）可以装入背包，你可以选择要装入背包的物品，要求装入背包的物品的总价值达到最高，请问你会采取什么方法呢？

表4.2　物品清单

物品名称	重量（kg）	价值（元）
台灯	6	600
扫描仪	8	2000
打印机	9	1800
机箱	15	3000

我们采用最简单的贪心策略，先装能够装入背包的最贵物品。如果还有空间，就继续装入可以装入的最贵物品，重复采用这种方法，直到背包装满为止。按照这个策略，首先选择的是最贵的物品——机箱，它的价格是3000元，重量是15kg，把它装入背包后，背包的剩余容量是5kg，再也没有可以装进来的物品了，此时背包总价值是3000元，如图4.2所示。

这个解是最优解吗？不是，如果不装入机箱，而改为装入扫描仪和打印机，背包总价值将是3800元，如图4.3所示。

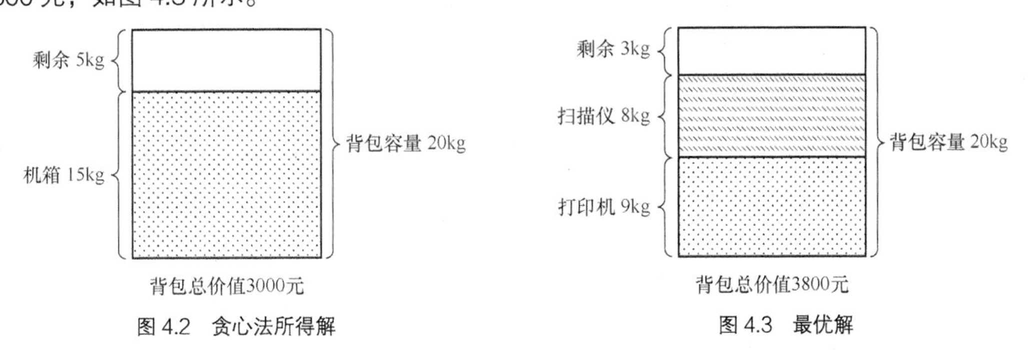

图4.2　贪心法所得解　　图4.3　最优解

对于这道题，贪心法显然不能获得最优解，但所得结果也是非常接近最优解的。在有些情况下，考虑到时间等各方面因素，只需要找到一种大致能够解决问题的方法，此时贪心法正好派上用场，因为实现起来简单容易，得到的结果又与正确结果相当接近。

贪心法的基本思想是：把一个复杂问题分解成一系列较为简单的问题，每一步只根据当前已有的信息去做出当前看来是最好的选择，而一旦做出选择，不管将来如何都不会再改变，接下来的每一步选择都是对当前解的扩展，直到获得问题的完整解。也就是说，贪心法在解题时不从整体最优解加以考虑，它所做出的仅仅是某种意义上的局部最优解，因此贪心法并不对所有问题都能得到整体最优解，但对于范围相当广泛的问题，贪心法能够产生整体最优解或整体最优解的近似解，并且简单易行，因此是计算机常用算法之一。

4.1.2　活动安排问题

问题描述：现有 n 个活动 $E=\{1,2,\cdots,n\}$，它们都要求使用同一公共资源（如场地），条件是在同一时间里，只有一个活动可以使用该资源。

（1）对于每一个活动 i，已知使用该资源的起始时间 s_i 和结束时间 f_i，其中 $s_i< f_i$。

（2）活动 i 和活动 j 相容的条件是：$s_i\geqslant f_j$ 或 $s_j\geqslant f_i$。

活动安排问题其实是求在所给活动集合中最大的相容活动子集合，是这类问题的总称，前面所举的教室调度问题本质上也属于活动安排问题。

1. 解题思路

解决活动安排问题的关键是选择贪心策略，以下是两种贪心策略。

（1）最早开始时间：这样可以尽可能提高教室利用率。

（2）最早结束时间：这样可以使下一个活动尽早开始，使得剩余的时间最大化。

由于活动安排问题主要关注的是如何容纳更多的活动，因此选择后一种贪心策略更为合适。首先把这 n 个活动按结束时间递增排列，这样方便做每一次的贪心选择。每次总是选择具有最早结束时间的相容活动加入，使剩余的可安排时间最长，以安排尽可能多的相容活动。假设现有 8 个待安排的活动，按结束时间递增排列的结果如表 4.3 所示。

表 4.3 按结束时间递增排列活动

活动	开始时间	结束时间
1	1	3
2	1	4
3	0	4
4	2	5
5	4	6
6	4	7
7	5	7
8	7	8

接下来，使用贪心策略进行活动安排，如图 4.4 所示。第一次贪心选择选出结束时间最早的活动：活动 1，结束时间是 3 点；接下来可供选择的活动必须是 3 点以后开始的活动，有活动 5、活动 6、活动 7 和活动 8。第二次贪心选择选出其中结束时间最早的活动：活动 5，结束时间是 6 点；接下来可供选择的活动就只有活动 8 了，它与之前选出的两个活动是相容的。因此，第三次贪心选择选出活动 8，完成活动的安排。

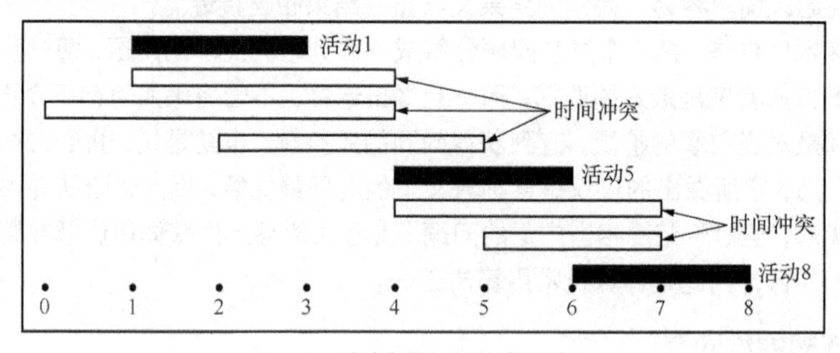

图 4.4 活动安排问题的求解过程

2. 算法设计

```
int ActiveArrange(int n, int s[ ], int f[ ], bool t[ ])
```

（1）功能：活动安排。

（2）输入：数组 s[n]、数组 f[n]、n 的值。

（3）输出：安排的活动数量以及安排了哪些活动 t[ ]。

```
int ActiveArrange(int n, int s[ ], int f[ ], bool t[ ])
    {                                   //s[n]存放活动的开始时间，f[n]存放活动的结束时间
        t [1]= false;
        j=1;
        count=0;
        for (i=2; i<=n; i++)
         {
            if (s[i]>=f[j])          //活动 i 与活动 j 是相容的
               {
                 t[i] = true;        //将活动 i 加入集合
                 j=i;
                 count++;            //将活动数加 1
               }
            else t[i]= false;
         }
        return count;                //返回加入集合的活动数
    }
```

【例 4.1】农场有 n 头牛，每头牛 i 会在特定的时间段[s_i, f_i]在畜栏里挤奶，一个畜栏在同一时间只能容纳一头牛挤奶。现在请计算出最少需要几个畜栏就能满足上述要求，并给出每头牛被安排的方案。对于多种可行方案，输出一种即可。

解题思路如下：这道题本质上是一个活动安排问题，适用于贪心策略。首先对牛进行编号：1～n，那么每头牛的挤奶时间就类似于一个活动，按结束时间升序排序，求出一个最大兼容活动子集，将它们安排在畜栏 1 中；如果安排不下，就继续从剩余活动中求下一个最大兼容活动子集，将它们安排在畜栏 2 中；依此类推，直至所有牛都安排完为止。n=7 时，使用贪心策略的解题过程如表 4.4～表 4.6 所示。

表 4.4 按挤奶结束时间进行递增排列

奶牛编号	1	2	3	4	5	6	7
开始时间	1	2	4	8	5	10	11
结束时间	3	4	7	9	9	12	15

表 4.5 畜栏 1 的时间安排

奶牛编号	1	3	4	6
开始时间	1	4	8	10
结束时间	3	7	9	12

表 4.6 畜栏 2 的时间安排

奶牛编号	2	5	7
开始时间	2	5	11
结束时间	4	9	15

由表 4.4～表 4.6 可以看出，根据贪心策略，求出一个最大兼容活动子集：1 号、3 号、4 号和 6 号奶牛，将它们安排在畜栏 1。还有三头牛没有安排，因此继续从它们之中求下一个最大兼容活动子集，恰好畜栏 2 能够兼容它们，两个畜栏就能满足需求。

4.1.3 币种统计问题

问题描述：某公司给职工发工资（单位：元）。为了确保工资正常发放，无须临时兑换零钱，同时要求取款的张数最少，需要在去银行取钱之前统计出本次发放工资所需各种币值（共五种币值：100 元，50 元，10 元，5 元，1 元）的张数，请设计算法以完成这项工作。工资表如表 4.7 所示。

表 4.7 某公司工资表

姓名	工资总额（元）	100 元张数	50 元张数	10 元张数	5 元张数	1 元张数
王红	2135	21	0	3	1	0
李言	1862	18	1	1	0	2
赵林	2639	26	0	3	1	4
张军	2581	25	1	3	0	1

1. 解题思路

采用贪心策略，针对每个人的工资，先尽量多地拿大面额的币种，依次由大面额到小面额币种逐步统计。

2. 算法实现

（1）将五种币值存储在数组 *y* 中。这样，五种币值就可表示为 *y*[*i*]，*i*=1,2,3,4,5。为了方便实现算法，按照面额从大到小依次存储。

（2）定义数组 *c*，用来记录每种币值所需数量。

```
main( )
 {
    int i,j,n,gz,t;
    int y[6]={0,100,50, 10,5, 1},c[6];
    scanf("%d",&n);
    c[6]={0,0,0,0,0,0 };                        //初始化计数器
    for (i=1;i<=n;i++)
     {
       scanf("%d",&gz);
       for (j=1;j<=5;j++)                       //依次计算 5 种币值所需张数
          {
             t=gz/y[j];
             c[j]=c[j]+t;
             gz=gz-t*y[j];
          }
       }
```

```
        for (i=1;i<=5;i++)
            print(y[i], "元的张数是:", c[i]);
    }
```

4.2 贪心法的应用

4.2.1 哈夫曼树

1. 基本概念

（1）路径：树中一个结点到另一个结点之间的分支序列。

（2）路径长度：树中一个结点到另一个结点所经过的分支个数。

（3）叶子结点的权值：对叶子结点赋予的一个有意义的数值。

（4）二叉树的带权路径长度：设二叉树有 n 个带权值的叶子结点，称从二叉树的根结点到各个叶子结点的路径长度与相应叶子结点权值的乘积之和为二叉树的带权路径长度，表示如下。

$$\mathrm{WPL}=\sum_{k=1}^{n} w_k l_k$$

其中，w_k表示第 k 个叶子结点的权值，l_k表示从根结点到第 k 个叶子结点的路径长度。

【例 4.2】给定 4 个叶子结点，权值分别为{2, 3, 5, 8}，可以构造出四种形状不同的二叉树，如图 4.5 所示，分别计算它们的带权路径长度。

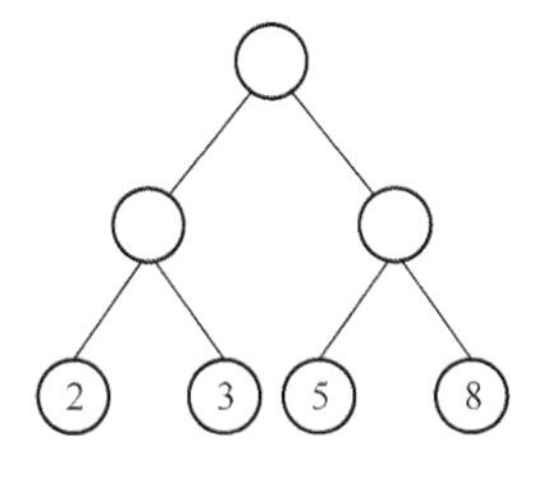

WPL1=2×2+3×2+5×2+8×2=36

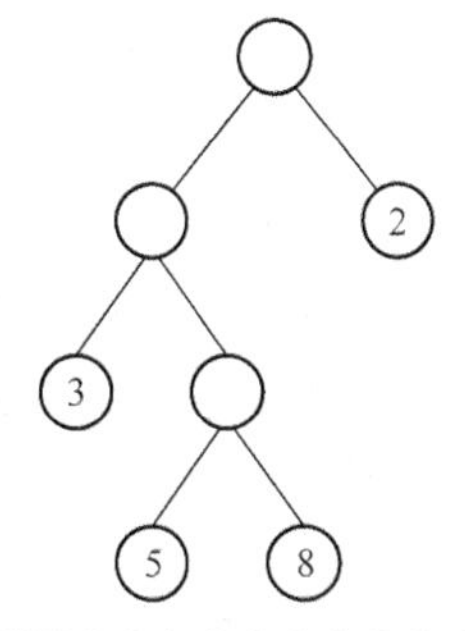

WPL2=2×1+3×2+5×3+8×3=47

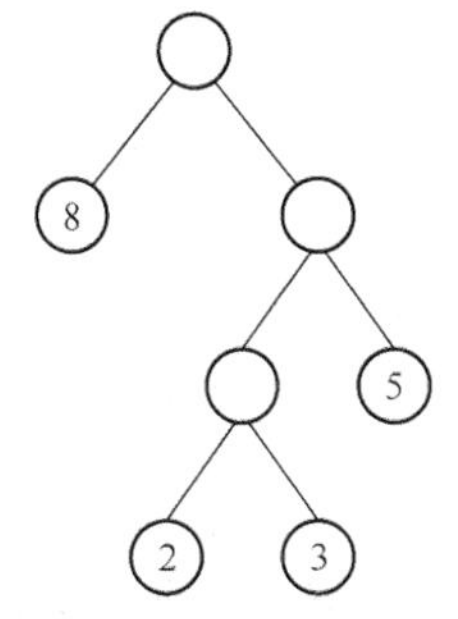

WPL3=8×1+5×2+2×3+3×3=33

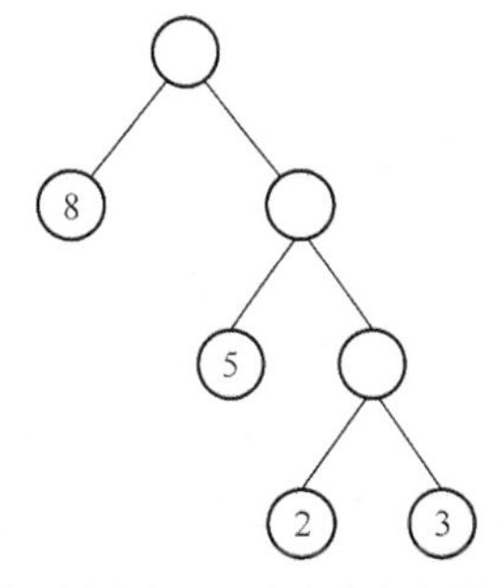

WPL4=8×1+5×2+2×3+3×3=33

图 4.5 带权路径长度的计算

（5）哈夫曼树：由给定的 n 个叶子结点权值构造出的带权路径长度最小的二叉树称为哈夫曼树，图 4.5 中的最后两个二叉树就是哈夫曼树，由相同带权结点构成的哈夫曼树是不唯一的。

2. 构造哈夫曼树

构造哈夫曼树的算法如下。

步骤 1：用给定的 n 个权值$\{w_1,w_2,\cdots,w_n\}$构造 n 个只有根结点的二叉树，得到由 n 个元素构成的二叉树集合。

步骤 2：从二叉树集合中选取根结点的权值最小的和次小的两个二叉树，作为新的二叉树的左右子树以构造新的二叉树，新二叉树的根结点权值是左右两个子树的根结点权值之和。

步骤 3：在二叉树集合中删除刚才选出的那两个二叉树，将新构造的二叉树加入二叉树集合中。

步骤 4：重复步骤 2 和步骤 3，当二叉树集合中只剩下一个二叉树时，这个二叉树就是哈夫曼树。

构造哈夫曼树采用的是贪心策略，每一次选出的都是当前权值最小和次小的结点来构造新的二叉树，尽量让权值小的结点离根结点远一些，让权值最大的结点距离根结点近一些，这样最终二叉树的带权路径长度就会越小。

给定权值{1, 3, 6, 8}，构造哈夫曼树的过程如图 4.6 所示。

步骤1：① ③ ⑥ ⑧

步骤2：

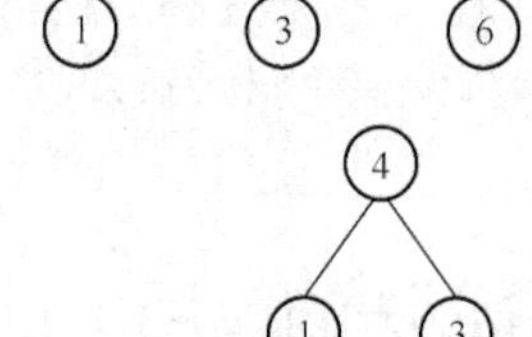

步骤3：

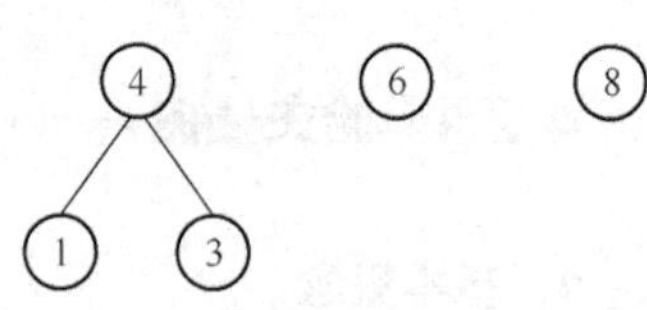

重复步骤2：

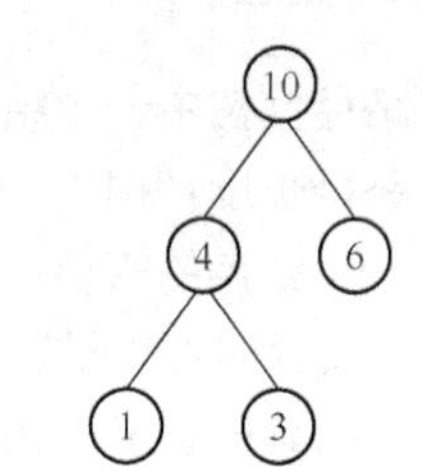

重复步骤3：

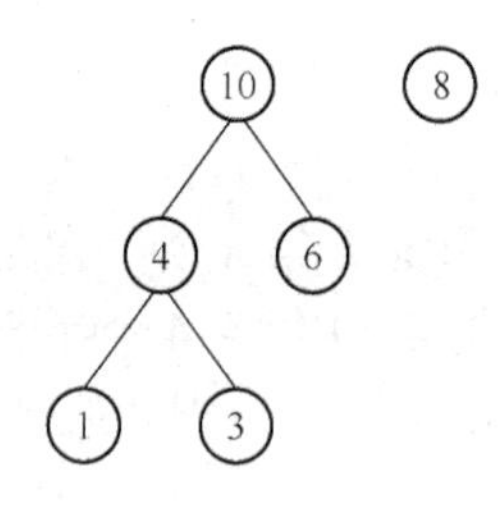

哈夫曼树：

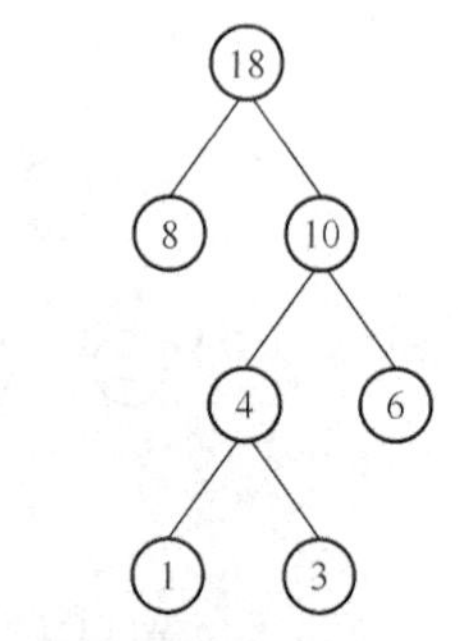

图 4.6 哈夫曼树的构造过程

4.2.2 哈夫曼编码

哈夫曼编码是在数据文件压缩领域应用较为广泛的编码方法。哈夫曼编码是用哈夫曼树构造的一种用于通信的不等长二进制编码，给出现频率高的字符较短的编码，给出现频率较低的字符较长的编码，就能够使代码总长度最短。具体构造方法如下。

（1）分析需要编码的字符集合$\{c_1,c_2,\cdots,c_n\}$，统计各字符在电文中出现的次数$\{v_1,v_2,\cdots,v_n\}$，以 $c_1,c_2,\cdots,c_n$ 作为叶子结点，以 $v_1,v_2,\cdots,v_n$ 作为各叶子结点的权值，构造一个哈夫曼树。

（2）规定哈夫曼树的左分支为 0、右分支为 1。

（3）在哈夫曼树中，从根结点到每个叶子结点之间都有一条路径，与从根结点到每个叶子结点所经过的分支对应的 0 和 1 组成的序列就是结点对应字符的哈夫曼编码。

【例 4.3】有一段电文，其中用到 4 个不同字符 A、B、C、D，它们在电文中出现的次数分别为 9、1、5、7。试编写哈夫曼编码。

（1）构造哈夫曼树（见图 4.7）

（2）编写哈夫曼编码（见图 4.8）

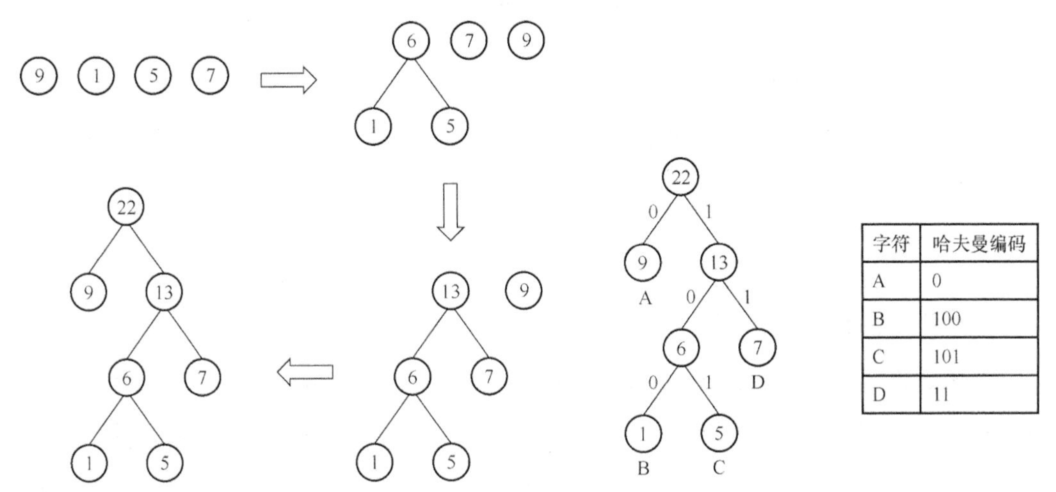

字符	哈夫曼编码
A	0
B	100
C	101
D	11

图 4.7 构造哈夫曼树

图 4.8 编写哈夫曼编码

【例 4.4】假设有正文 GGKTHHKTGKTHKKKTGTGTT，字符为 G、H、K、T，请设计一套二进制编码，使得上述正文的编码最短。

（1）计算各字符出现的次数

经统计得出，字符 G、H、K、T 的出现次数分别为 5、3、6、7。

（2）构造哈夫曼树（见图 4.9）

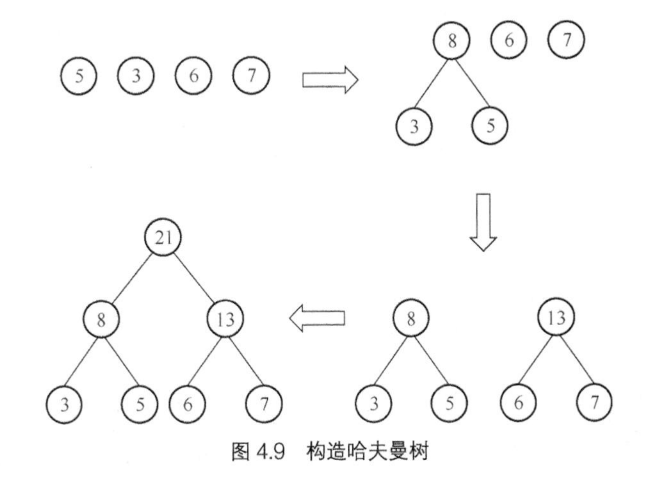

图 4.9 构造哈夫曼树

（3）编写哈夫曼编码（见图 4.10）

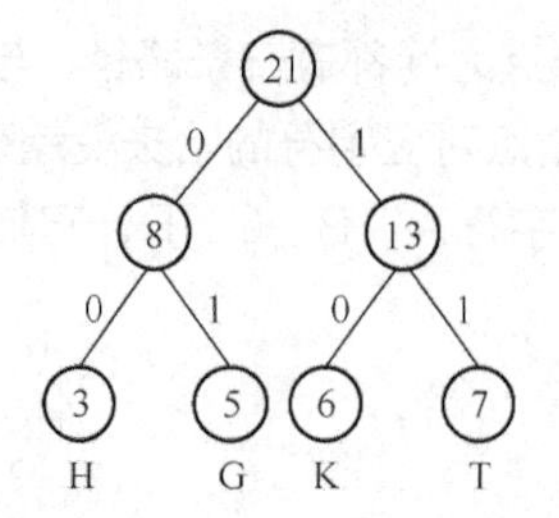

字符	哈夫曼编码
G	01
H	00
K	10
T	11

图 4.10 编写哈夫曼编码

4.2.3 最小生成树

假设 $G=(V, E)$是无向连通带权图，生成树是原图的极小连通子图，里面包含原图中的所有 n个顶点，并且拥有保持图连通的最少边。图的所有生成树中必有一个边的权值总和最小的生成树，称为最小生成树。

最小生成树问题有以下两种贪心策略。

1. 最近顶点策略

任选图中的一个顶点作为起始点，每一步的贪心选择是把不在当前生成树中的最近顶点添加到生成树中，直到所有顶点都添加进来为止。如下 Prim（普里姆）算法应用了这种贪心策略。

Prim 算法如下。

（1）设置两个新的集合 W和 D，其中 W用于存放 G的最小生成树顶点的集合，D用于存放 G的最小生成树权值的集合。

（2）令集合 W的初值为 $W=\{w_0\}$（从顶点 w_0开始构造），集合 D的初值为 $D=\{\}$。从顶点 $w \in W$与顶点 $v\in V-W$组成的所有带权边中选出最小权值的边(w,v)，将顶点 v加入集合 W中，将边(w,v)加入集合 D中。如此不断重复，当所有顶点都加入 W时结束。集合 W中存放着最小生成树顶点的集合，集合 D中存放着最小生成树边的权值集合。

如图 4.11 所示，无向连通带权图 $G1$ 中有 A、B、C、D、E、F、G 共 7 个顶点。

运用 Prim 算法构造最小生成树的过程如图 4.12 所示。

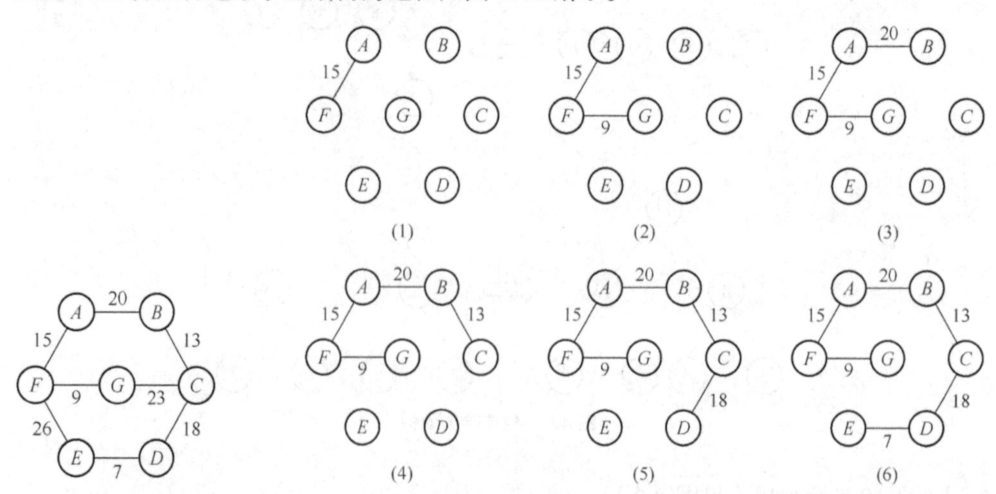

图 4.11 无向连通带权图 $G1$

图 4.12 运用 Prim 算法构造最小生成树的过程

算法实现如下：

```
void Prim(Graph G,int n)
  {
      int min;
      int *lc = (int *)malloc(sizeof(int)*n);
      int i, j, k;
      printf("顶点值 = %c\n", G.V.list[0]);
      for(i = 1; i < n; i ++)
        lc[i] = G.e[0][i];
        lc[0] = -1;
        for(i = 1;i < n;i++)                          /*寻找当前最小权值的边的顶点 */
         {
          min = MaxW;
          j = 1;
          k = 1;
         while(j < n)
          {
            if(lc[j] < min&& lc[j] != -1)
              {
                min= lc[j];
                k = j;
              }
          j ++;
          }
         printf("顶点值 = %c  边的权值 = %d\n", G.V.list[k], min);
         lc[k] = -1;
         for(j = 1; j < n; j++)                       //修改到其他顶点的路径
          {
            if(G.e[k][j] < lc[j])
              lc[j] = G.e[k][j];
          }
        }
       free(lc);
  }
```

2. 最短边策略

在最短边策略中，每一次贪心选择都是从剩下的边中选择一条不会产生环路的具有最小代价的边加入已选择边的集合中，直到所有顶点都添加进来为止。如下 Kruskal 算法应用了这种贪心策略。

Kruskal 算法如下。

（1）计算最小生成树的初始状态：只有 n 个顶点且无边的非连通图 $H=(W, \{\})$，图中的每个顶点自成一个连通分量。

（2）在 E 中选择具有最小代价的边，如果这条边依附的顶点落在 H 中不同的连通分量上，

就将该边加入 T 中，否则舍去，继续选择下一条代价最小的边，重复此过程，直到 T 中的所有顶点都在同一连通分量上为止。运用 Kruskal 算法构造图 4.11 中最小生成树的过程如图 4.13 所示。

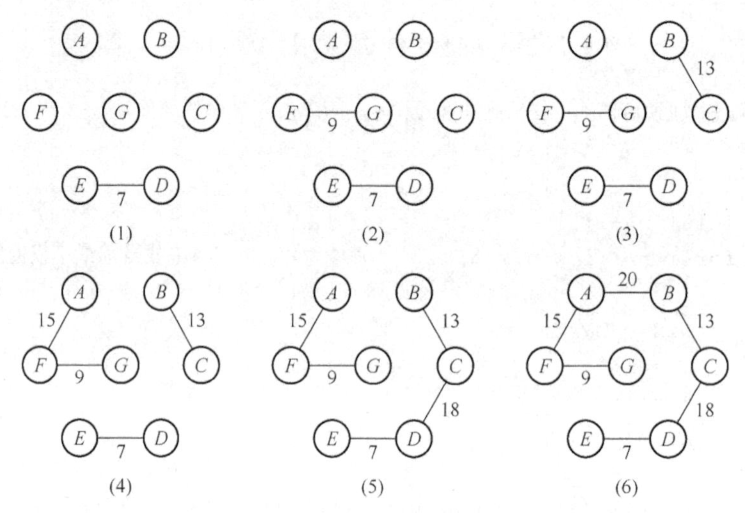

图 4.13　运用 Kruskal 算法构造最小生成树的过程

4.2.4　单源最短路径

假设 $G=(V, E)$是带权有向图，给定 V 中的一个顶点作为源点，计算从源点到所有其他各个顶点的最短路径长度，这个问题就是单源最短路径问题。如下 Dijkstra（狄克斯特拉）算法是用于求解单源最短路径问题的贪心算法。

Dijkstra 算法如下。

（1）设置顶点集合 S，用来存放已找到的具有单源最短路径的顶点。可以不断地通过贪心选择来扩充这个集合，初始状态下 S 中只包含源点，设为 v_0。

（2）每一次贪心选择都是从集合 $V-S$ 中选出到源点 v_0 路径长度最短的顶点 v_i 加入集合 S 中，而集合 S 在每加入一个新的顶点 v_i 后，都需要修改从源点 v_0 到集合 $V-S$ 中剩余顶点的当前最短路径值，当前最短路径值是原来的最短路径值与从源点过顶点 v_i 到达该顶点的路径值中的较小者。不断重复此过程，直到所有顶点全部加入集合 S 中为止。如图 4.14 所示，带权有向图 $G2$ 中有 A、B、C、D、E 共 5 个顶点。

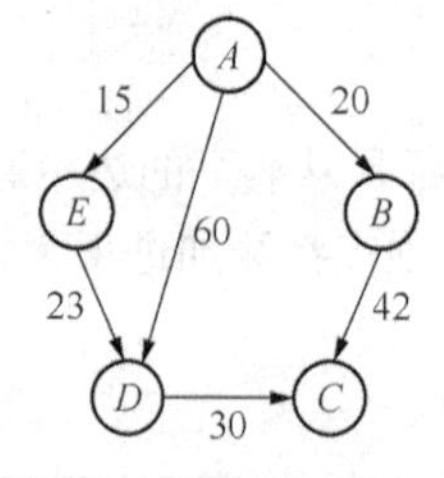

图 4.14　带权有向图 $G2$

运用 Dijkstra 算法求解带权有向图 $G2$ 的单源最短路径的过程如图 4.15 所示。

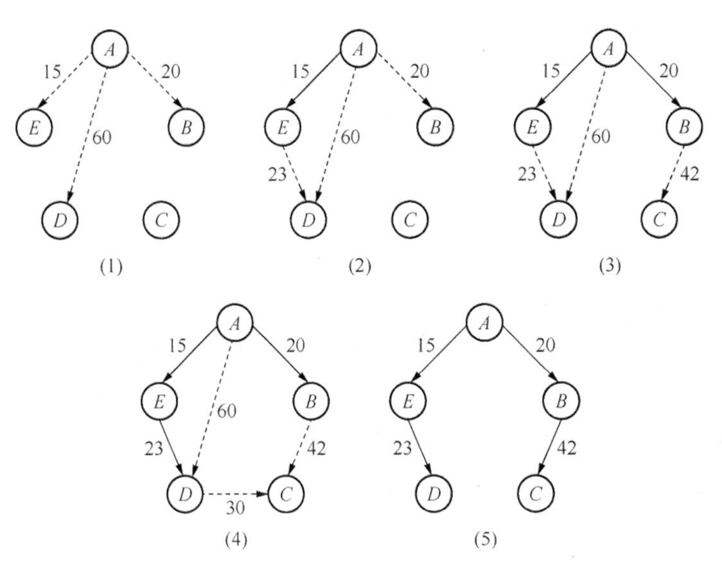

图 4.15　运用 Kruskal 算法求解单源最短路径的过程

算法实现如下：

```
void Dijkstra(Graph G, int v0, int dis[], int path[],int n)
  {
     int s[n];
     int minD, i, j, u;
     for(i = 0; i < n; i ++)                          //初始化
      {
        dis[i] = G.e[v0][i];
        s[i] = 0;
        if(i != v0 && dis[i] < MaxW)
           path[i] = v0;
        else
           path[i] = -1;
      }
      s[v0] = 1;                                      //顶点 v0 已加入集合 S 中
        for(i = 1; i < n; i ++)
         {
           minD = MaxW;
           for(j = 0;j <= n;j ++)
             if(s[j] == 0 && dis[j] < minD)
                {
                   u = j;
                   minD = dis[j];
                 }
            if(minD == MaxW) return;
            s[u] = 1;
            for(j = 0; j < n; j++)              //修改从 v0 到其他顶点的最短路径
```

```
                if(s[j] == 0 && G.e[u][j] < MaxW && dis[u] + G.e[u][j] < dis[j])
                  {
                     dis[j] = dis[u] + G.e[u][j];
                     path[j] = u;
                  }
                }
        }
```

4.3 贪心法的分析与设计

贪心法是一种在每一步选择中都采取当前状态下最好的选择，从而希望导致结果是最好的算法。贪心法在最优求解的过程中采用的是局部最优策略，力求把问题规模缩小，而后再把每一步的结果合并起来得到全局最优解。贪心法解题的一般步骤是：首先从问题的某个简单的初始解出发；然后，当可以向求解目标前进一步时，就采用局部最优策略，得到一个局部解，缩小问题的规模；最后将所有局部解合并起来，得到问题的最终解。

在使用贪心法解决问题时，有时候可能会有一个以上的看似合理的贪心策略，这就需要通过进一步分析来加以选择，看看哪种贪心策略能获取最优解。因此，使用贪心法处理问题的核心就是度量标准（贪心策略的选取）。

4.3.1 背包问题

【例 4.5】果园里正在举办一场装背包的比赛：规定每个参赛者有一个背包，承重为 20kg。参赛者是熊猫、山羊和梅花鹿，给定 4 种水果，对应的重量和价值如表 4.8 所示，规则是：水果可以只装一部分，装入的总重量不能超过背包的承重，背包中装入水果的总价值最高者获胜。

表 4.8　水果清单

物品名称	重量（kg）	价值（元）
苹果	15	300
香蕉	18	180
橘子	10	150
猕猴桃	9	270

熊猫、山羊和梅花鹿分别采用了 3 种不同的策略。

（1）熊猫的策略：先放价值最大的水果。具体过程如表 4.9 所示。

表 4.9　熊猫的策略

装入步骤	物品名称	重量（kg）	价值（元）	剩余重量（kg）	背包总价值（元）
第一步	苹果	15	300	5	300
第二步	猕猴桃	5	150	0	450

（2）山羊的策略：先放重量小的水果。具体过程如表 4.10 所示。

表 4.10　山羊的策略

装入步骤	物品名称	重量（kg）	价值（元）	剩余重量（kg）	背包总价值（元）
第一步	猕猴桃	9	270	11	270
第二步	橘子	10	150	1	420
第三步	苹果	1	20	0	440

（3）梅花鹿的策略：先放单位重量价值高的水果。具体过程如表 4.11 所示。

表 4.11　梅花鹿的策略

装入步骤	物品名称	重量（kg）	价值（元）	剩余重量（kg）	背包总价值（元）
第一步	猕猴桃	9	270	11	270
第二步	苹果	11	220	0	490

最终，梅花鹿的背包里水果的总价值最高，因而赢得比赛。

上述问题从本质上说就是背包问题。

背包问题描述：给定容量为 C 的背包和 n 种物品，已知物品 i 的重量是 w_i，价值为 v_i，求解的问题是：如何选择装入背包的物品，使得装入背包的物品的总价值最大。

（1）设 x_i 表示物品 i 装入背包的情况，解向量为 $\boldsymbol{X}=(x_1, x_2,\cdots, x_n)$，则 x_i 的取值范围是 $0\leqslant x_i\leqslant 1$。当 $x_i=0$ 时表示物体 i 没被装入背包，当 $x_i=1$ 时表示物体 i 整个被装入背包。

（2）约束条件：背包的承重是 C，因此装入背包中的物品的总重量不得超过 C。

$$\sum_{1\leqslant i\leqslant n} w_i x_i \leqslant C$$

（3）问题的求解目标：背包中物品的总价值最大。

$$\max\sum_{i=1}^{n} v_i x_i$$

1. 解题思路

上例中可采用 3 种贪心策略。

（1）优先选取价值最大的物品。这样做的目的是尽可能快地增加背包的总价值。存在的问题是：虽然每一步的贪心选择能够使得背包的总价值得到较快的增长，但是对应的背包容量却可能消耗得太快，从而导致装入背包的物品个数减少，不能保证背包的总价值达到最大。

（2）优先选取重量最轻的物品。这样做的目的是尽可能多装些物品，从而增加背包的总价值。存在的问题是：虽然每一步的贪心选择使背包的容量消耗慢些，但是背包的总价值却没能保证快速增长，不能保证背包的总价值达到最大。

（3）优先选取单位重量价值最大的物品。把二者综合起来，在背包价值增长和背包容量消耗之间寻求平衡点，分析 v_i/w_i 的值，使占用的单位重量带来的价值最大。每一步的贪心选择都是选单位重量价值最大的物品。它的子问题同样是背包问题，只不过背包容量减少了，物品的数量也减少了。因此，背包问题具有最优子结构性质。

2. 算法设计

```
float bag(float m, ArticleType c[],float x[],int n)
```

（1）功能：背包问题求解。

（2）输入：背包承重 *m*，物品个数 *n*，物品特征数组 *c*[*n*]，其中 *c*[*i*].v 表示第 *i* 个物品的价值，*c*[*i*].w 表示第 *i* 个物品的重量，*c*[*i*].t 表示第 *i* 个物品的单位价值。

（3）输出：背包的最大价值 *s*。

```
float bag (float m, ArticleType c[],float x[],int n)
  {
      int i;
      float s = 0;
      for (i=0;i<n;i++)
         {                                             //计算物品的单位价值
           c[i].t= c[i].v / c[i].w;
           x[i] = 0;                          }
      sort (c,0,n);                                    //按单位价值降序排序
      for (i=0;i<n;i++)
        {
           if (c[i].w<=m)
            {                                          //可以整个装入的物品
                x[i] = 1;
                m -= c[i].w;
                s += c[i].v;
            }
           else
            {                                          //要装入的最后一个物品
                x[i] = m / instance[i].w;
                s+= x[i] * instance[i].v;
                break;
            }
        }
     return s;
  }
```

4.3.2 田忌赛马问题

问题描述：大多数人在小时候可能都听过田忌赛马的故事。如果故事中所讲的 3 匹马变成 1000 匹马，齐王仍然让他的马按照原来的方式（从优到劣的顺序）出赛，而田忌还是可以按任意顺序安排自己的马出赛。规则是，赢的人就能够得到 100 两银子，输的人就要输掉 100 两银子，平局的话不输不赢。请设计算法，计算出田忌最多能赢多少两银子。

1. 解题思路

贪心策略如下。

（1）若田忌最快的马比齐王最快的马快，就比这两者，田忌赢之。

原因：如果拿其他的马来比，就有可能会赢不了了，为保证赢，所以要比。

（2）若田忌最快的马比齐王最快的马慢，就用田忌最慢的马去跟齐王最快的马比。

原因：因为所有的马都赢不了齐王最快的马，所以就选择损失最小的，用最慢的马去比。

（3）若田忌最快的马与齐王最快的马速度相等，考虑如下情况。

① 若田忌最慢的马比齐王最慢的马快，就比这两者，田忌赢之。

原因：田忌最慢的马能赢一个算一个，就用最小的代价去赢。

② 若田忌最慢的马比齐王最慢的马慢，就用田忌最慢的马和齐王最快的马比。

原因：反正田忌最慢的马是所有马中最慢的，肯定会输，不如让它发挥最大的价值，与齐王最快的马比。

③ 若田忌最慢的马与齐王最慢的马速度相等，就比这两者，没有输赢。

2. 算法设计

```
int race(int tian[],int chu[],int n)
```

（1）功能：求解田忌赛马问题。

（2）输入：田忌所有马的速度 tian[]，楚王所有马的速度 chu[]，马的数量 n。

（3）输出：田忌赢的钱数 sum。

```
int race(int tian[],int chu[],int n)
  {
    int i,j,sum,k,f,t;
    sort(tian, n);                                    //田忌的马按速度降序排序
    sort(chu, n);                                     //齐王的马按速度降序排序
    t=0;                                              //比赛的场次数
    i=0;j=0; sum=0
    k=n-1;
    f=n-1;
    while(1)
     {
        if(t==n)   break;                             //已完成所有比赛
             //若田忌最快的马比齐王最快的马快，就比这两者
        if(chu[j]< tian[i])
           {sum+=200;j++;i++;t++;continue;}
             //若田忌最快的马比齐王最快的马慢，就用田忌最慢的马去跟齐王最快的马比
        if(chu[j]>tian[i])
           { sum-=200;j++;k--;t++; continue;}
             //若田忌最快的马与齐王最快的马速度相等
        if(chu[j]== tian [i]){
             //若田忌最慢的马比齐王最慢的马快，就比这两者
           if(chu[f]<tian[k])
             {f--;k--;sum+=200;t++;continue;}
           //若田忌最慢的马比齐王最慢的马慢，就用田忌最慢的马和齐王最快的马比
          if(chu [j]> tian [k])
```

```
            {sum-=200;k--;j++;t++;}
        //若田忌最慢的马与齐王最慢的马速度相等，就比这两者
            else
            {k--;j++;t++;}
              continue; }
      }
   return sum;
}}
```

4.3.3 多机调度问题

问题描述：现在有 n 个相互独立的作业$\{W_1, W_2, W_3, W_4, \cdots, W_n\}$，并由 m 台相同的机器$\{M_1, M_2,\cdots, M_m\}$进行处理，完成作业 i 需要的处理时间为 t_i（$1\leqslant i\leqslant n$），各个作业都可以在其中任意一台机器上进行处理，但在处理过程中作业不能间断或拆分。请设计一种作业调度方案，使这 n 个作业在尽可能短的时间内由 m 台机器处理完。

1. 解题思路

贪心策略如下。处理时间最长的作业优先处理，也就是说，把处理时间最长的作业分配给最先空闲的机器，优先处理，从而在整体上获得尽可能短的处理时间。

（1）当 $m\geqslant n$ 时，将机器 i 的$[0, t_i)$时间区间分配给作业 i。

（2）当 $m<n$ 时，需要先将这 n 个作业按照所需处理时间降序排序，而后按此顺序将作业分配给空闲的机器。

【例 4.6】现有 5 个独立作业$\{W_1, W_2, W_3, W_4, W_5\}$，由 3 台机器$\{M_1,M_2,M_3\}$进行处理；各作业的处理时间分别为$\{2, 8, 4, 5, 3\}$。

运用贪心策略产生的作业调度如图 4.16 所示。首先将所有作业按照处理时间降序排序，排序后的序列为$\{W_2(8),W_4(5),W_3(4),W_5(3),W_1(2)\}$，依照最长处理时间的作业优先处理的贪心策略，初始状态下，三台机器都是空闲的，因此直接将处理时间最长的作业 W_2 分配给机器 M_1，将处理时间第二长的作业 W_4 分配给机器 M_2，将处理时间第三长的作业 W_3 分配给机器 M_3；接下来，M_3 最先空闲下来，因此接着将 W_5 分配给 M_3，随后 M_3 也空闲下来，将最后一个作业 W_1 分配给 M_3，最终总的耗费时间是 8。

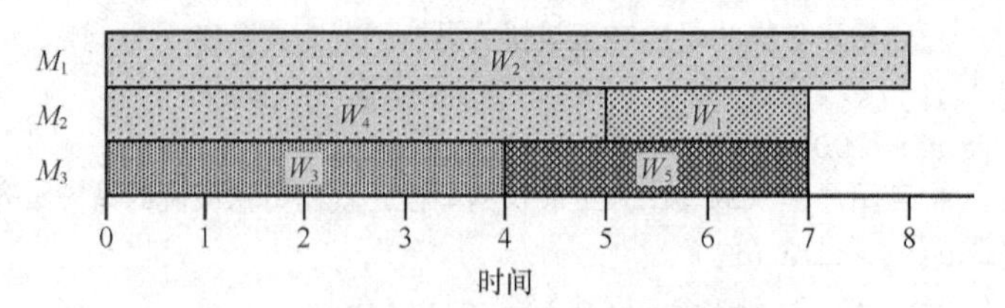

图 4.16 运用贪心策略求解作业调度问题的过程

2. 算法设计

```
void Job(int t[],int n,int m)
```

（1）功能：作业调度问题求解。

（2）输入：各作业的处理时间 $t[]$，作业的个数 n，机器的个数 m。

（3）输出：在屏幕上输出作业的安排情况。

```
void Job(int t[],int n,int m)
  {
     int flagn,flagm;
     int M[]={0,0,0,0,0};
     for(int i=0;i<n;i++)
      {
        int max=0;
        min=10000;
        flagn=0;
        flagm=0;
        for(int j=0;j<n;j++)                              //选择处理时间最长的作业
         {
           if(max<t[j])
              { max=t[j]; flagn=j; }
         }
       for(j=0;j<m;j++)                                   //选择作业总量最小的机器
         {
           if(M[flagm]>M[j])
             {flagm=j;}
         }
       M[flagm]=M[flagm]+t[flagn];
       t[flagn]=0;
       printf("%d 作业安排在%d 机器上\n", flagn, flagm);
     }
  }
```

4.4 贪心法示例

【例 4.7】最优装载问题。

问题描述：有一批集装箱要装上一艘载重量为 c 的轮船。其中集装箱 i 的重量为 W_i。最优装载问题要求确定在装载体积不受限制的情况下，将尽可能多的集装箱装上轮船。

解题思路如下：

最优装载问题可用贪心算法求解。采用重量最轻者先装的贪心选择策略，尽可能使得剩余的重量大，从而将尽可能多的集装箱装上轮船。

算法设计如下：

```
void Job(int t[],int n,int m)
```

（1）功能：求解作业调度问题。

（2）输入：按降序存储各货物重量的数组 weigh[]，轮船载重量 c，货物数量 n。

（3）输出：存储是否装入标志的数组 x[]。

```
void load(int weigh [],int x[],int c,int n)
  {
```

```
        x[0]=1;
        c-= weigh[0];
        for (int i=1;i<n;i++)
         {
             if (w- weigh[i]>=0)                          //货物 i 能够装上轮船
                {
                 c-= weigh[i];
                 x[i]=1;
                }
         }
    }
```

【例 4.8】乘船问题。

问题描述：旅行团在游玩过程中遇到一条河，需要乘坐独木舟过河。已知一条独木舟最多能够乘坐两人，并且乘客的总重量不能超过独木舟最大承载量。请设计算法，计算出可以安置所有旅客的最少独木舟条数。

解题思路如下：

使用贪心策略来求解，尽可能安排两个人在一条独木舟上。首先按照所有人的体重升序排列，用两个下标 *i* 和 *j* 分别表示当前考虑的最轻的人和最重的人，每次先将 *j* 往左移动，直到 *i* 和 *j* 可以共坐一条船，然后将 *i* 加 1，将 *j* 减 1，并重复上述操作，直到所有人都安排完毕。

算法设计如下：

```
int Count(int a[],int w,int n)
```

（1）功能：求解乘船问题。

（2）输入：存储乘客体重的数组 *a*[]，独木舟的最大承载量 *w*，乘客的人数 *m*。

（3）输出：最少的独木舟条数 *c*。

```
int Count(int a[],int w,int n)
  {
    int i ,t,c=0,j=0;
    sort (a, n);                      //按乘客的体重升序排列
    for(i=0,j=n-1;i<=j;)
      {
       if(a[i]+a[j]<=w)                 //如果 i 和 j 可以同乘一条船
         {  i++;
            j--;
            c++;
         }
      else if(i==j)                     //只剩最后一个人，单独坐
            c++;
      else                              //对于没有与之同乘一条船的人，单独乘船
         {  j--;
            c++;
         }
      }
      return c;
  }
```

【例 4.9】加油站问题。

问题描述：一辆汽车加满油后可行驶 n 千米。旅途中有若干加油站。设计一个有效算法，指出应在哪些加油站停靠加油，使沿途加油次数最少。对于给定的 $n(n\leqslant 5000)$ 和 $k(k\leqslant 1000)$ 个加油站位置，编程计算最少的加油次数，并证明算法能产生最优解。

解题思路如下：

使用贪心策略来求解，最远加油站优先。在汽车行驶过程中，每一次都走到能够走到并且离自己最远的那个加油站，在那个加油站加满油后再按照同样的贪心策略走下去，尽量少加油。首先检测各个加油站之间的距离，如果发现到其中一个加油站的距离大于汽车加满油后能跑的距离，则无解。否则，分析加油站之间的距离，尽量选择往最远处走，不能走了就让计数器 c 自加 1，最终统计出来的 c 就是最少的加油次数。

算法设计如下：

```
void greedy(int d[],int n,int k)
```

（1）功能：求解加油站问题。

（2）输入：存储加油站之间距离的数组 d[]，加满油后可行驶的千米数 n，加油站的个数 k。

（3）输出：最少的加油次数 c。

```
void greedy(int d[],int n,int k)
 {
     int c = 0;
     for (int i = 0;i <= k;i++)
      {                                              //检测是否都能到达
          if(d[i] > n)
          {
             printf("无法到达\n",);
             return;
          }
      }
    for(int i = 0,s = 0;i <= k;i++)
      {
        s += d[i];
        if(s > n)                                    //需要加油
          {
             c++;
             s = d[i];
          }
      }
      return c;
 }
```

【例 4.10】0-1 背包问题。

问题描述：给定一个容量为 C 的背包和 n 种物品，已知物品 i 的重量是 w_i，价值为 v_i，求解的问题是：如何选择装入背包的物品，使得装入背包的物品的总价值最大。0-1 背包问题在选择装入背包的物品时，对于物品 i 只有两种选择——装入或不装入，不能只装入部分的物品 i。

解题思路：在之前介绍的可分割背包问题中可以采用三种贪心策略——优先选取价值最大的物品，优先选取重量最轻的物品，优先选取单位重量价值最大的物品，最后一种能够获得最优解。那么对于 0-1 背包问题，能否使用贪心法获得最优解呢？

（1）假设已知 n=3，C=50，v=(60,100,120)，w=(10,20,30)，分别使用三种贪心策略，使用优先选取单位重量价值最大的物品获得的最大价值是 160，使用优先选取重量最轻的物品获得的最大价值是 160，使用优先选取单位重量价值最大的物品的最大价值是 220。优先选取单位重量价值最大的贪心策略失效了，那么使用优先选取单位重量价值最大的物品的贪心策略是否一定能够获得最优解？

（2）假设已知 n=4，C=55，v=(60,100,120,70)，w=(10,20,30,20)，使用优先选取单位重量价值最大的物品的最大价值是 220，使用优先选取重量最轻的物品获得的最大价值是 230。

由此可见，对于 0-1 背包问题来说，贪心策略失效了，其实在分析求解 0-1 背包问题时，应当比较选择物品和不选择物品导致的最终方案，之后再做出最好的选择。由此就会产生许多互相重叠的子问题，而这正是使用动态规划算法求解问题的重要特征。

4.5 本章小结

（1）贪心法的基本思想：把一个复杂的问题分解成一系列较为简单的问题，每一步只根据当前已有的信息去做出当前看来是最好的选择，直到获得问题的完整解。

（2）贪心法在解题时不从整体最优解加以考虑，它所做出的仅仅是某种意义上的局部最优解，因此使用贪心法并不能对所有问题都得到整体最优解，但对于范围相当广泛的问题，能够产生整体最优解或整体最优解的近似解。

习题 4

一、填空题

1. 能够使用贪心法求解的问题一般具有两个性质：________性质和________性质。
2. 贪心法每一次做出的选择都是________最优选择。
3. 哈夫曼编码的贪心策略的时间复杂度是________。
4. 普里姆算法利用________策略求解________问题，时间复杂度是________。

二、问答题

1. 简述贪心法的概念。
2. 简述贪心法的一般设计步骤。
3. 什么是最优子结构性质？
4. 简述构造哈夫曼树的贪心策略。

三、应用题

1. 假设有一段正文，由字符集{A,B,C,D,E}组成，其中每个字符在正文中出现的次数分别为

21、34、7、23、9。采用哈夫曼编码对这段正文进行压缩存储，要求：

（1）构造出哈夫曼树。

（2）写出每个字符的哈夫曼编码。

2. 现有如图4.17所示的无向带权图。

（1）简述克鲁斯卡尔算法的贪心策略，并写出运用它构造图4.17所示最小生成树的过程。

（2）简述普里姆算法的贪心策略，并写出运用它构造图4.17所示最小生成树的过程。

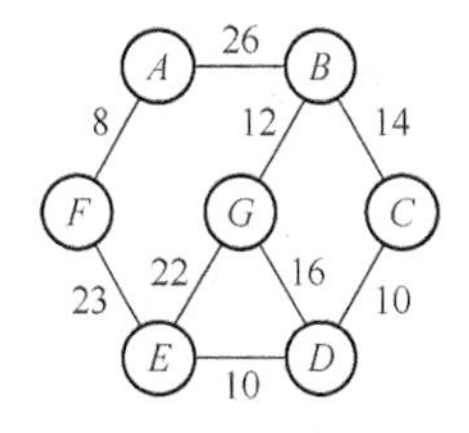

图4.17 无向带权图

3. 写出运用狄克斯特拉算法，求源点 A 到图4.18中其余各顶点的最短路径的过程。

4. 写出运用图着色算法得出图4.19中一种着色方案的过程。

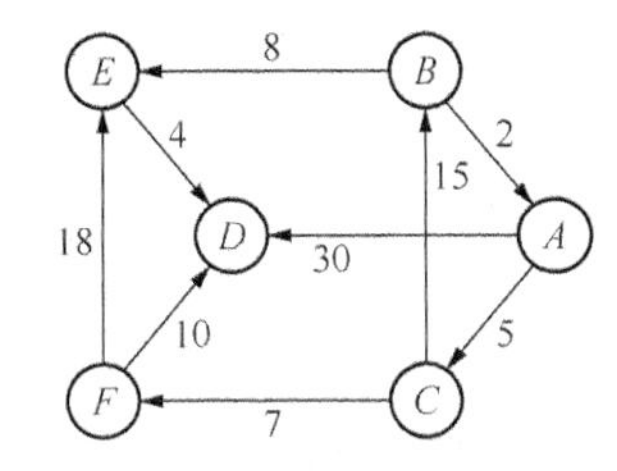

图4.18 求最短路径

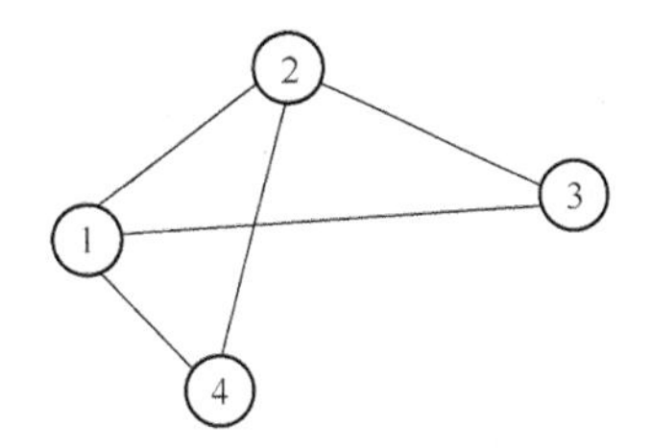

图4.19 着色方案

四、算法设计题

1. 有一个旅行团要过河，人数为 n，现在只有一只船，一次只能乘坐两人。假设船的行驶速度是两个人中较慢一人的划船速度，到对岸后还需要一个人把船划回来，请设计算法，求出最少需要多长时间才能过完河。

2. 在0-1背包问题中，有 n 件物品（$n=7$），价值为 v={10,5,15,7,6,18,3}，重量为 w={2,3,5,7,1,4,1}，背包容量为15，请设计贪心算法，并讨论是否可获最优解。

3. 某活动中心有一篮球场出租，现在总共有10位客户申请租用此篮球场，每个客户租用的时间单元如表4.12所示，$s(i)$表示开始租用时刻，$f(i)$表示结束租用时刻。

表4.12 客户的租用时刻表

i	1	2	3	4	5	6	7	8	9	10
$s(i)$	0	3	1	5	3	5	11	8	8	6
$f(i)$	6	5	4	9	8	7	13	12	11	10

在同一时刻，该篮球场只能租给一位客户，请设计租用安排方案，在这10位客户里面，尽可能满足多位客户的需求。请设计算法，求出针对10个客户的申请，最多可以安排几位客户。

4. 小林本学年一共上了 n 门课，取得奖学金的条件是：所有课的平均成绩在 t 分以上。每门课程的总分是 k，由理论成绩和实践成绩两部分组成。已知第 i 门课的实践成绩为 a_i，而如果想要这门课的理论成绩多得1分的话，就需要花 b_i 的时间来复习功课。请设计算法，求出小林至少要花多少时间复习才能取得奖学金。

5. 假设有 m 个程序{1, 2, 3,⋯, m}要存放在长度为 T 的磁带上。已知程序 i 存放在磁带上的长度是 t_i，$1\leq i\leq m$。现在要找出这 m 个程序在磁带上的存储方案，我们想要在磁带上存储尽可能多的程序，让磁带的利用率尽可能高，请设计算法，求出最多能够存储的程序数。

实训 4

1. 实训题目

（1）李明有 n 个作业要做，每个作业做完都需要一天时间且都有最后提交期限，超过期限就会扣分。请设计算法，为他安排做作业的顺序，使得被扣掉的分数最少。

输入描述：

输入两行数据：每个作业最后提交的期限以及作业的数量 n。

输出描述：

输出被扣掉分数最少的做作业顺序。

（2）假设有一艘货船，载重量为 C，已知有 n 件货物，第 i 件货物的重量是 w_i，请设计算法，尽量装入更多的货物。

输入描述：

输入两行数据：每件货物的重量以及货物的数量 n，货船载重量为 C。

输出描述：

输出所能装入的最多货物的编号。

2. 实训目标

（1）理解贪心法的含义。

（2）熟悉和掌握贪心法解题的基本步骤。

3. 实训要求

（1）设计出求解问题的算法。

（2）对设计的算法采用大 O 符号进行算法的时间复杂度分析。

（3）上机实现算法。

5 Chapter

第5章 动态规划法

本章导读：

动态规划法是一种解决多阶段决策最优化问题的方法，其基本思想是将待求解的问题按阶段分解成若干个子问题，其中各个子问题的解都是当前状态下所得的最优解，而整个问题的最优解就是由各个子问题的最优解组成的。

学习目标

（1）理解动态规划法的基本思想；

（2）掌握最优决策表的构造方法；

（3）掌握动态规划法的算法分析与设计步骤。

5.1 动态规划法概述

5.1.1 动态规划法的基本思想

动态规划法是由美国数学家贝尔曼在研究最优控制问题时提出的，是一种求解多阶段决策最优化问题的工具，已被成功应用于解决许多领域的问题，是常用的计算机算法设计方法之一。其基本思想是将待求解的问题按阶段分解成若干子问题，而后按照顺序求解各阶段的子问题，前一阶段子问题的解能够为后一阶段子问题的求解提供信息。在求解任一阶段的子问题时，会列出所有可能的局部解，通过决策保留那些有可能达到最优的局部解。依次解决各阶段的子问题，最后一个阶段子问题的解就是初始问题的解。各个子问题的解只跟它前面的子问题的解相关，其中各个子问题的解都是当前状态下所得的最优解，而整个问题的最优解是由各个子问题的最优解组成的。

动态规划法与前面学习的分治法有相似之处，在使用的过程中要注意加以区分。动态规划法和分治法都是将大问题分解成小问题，缩小问题规模以方便求解。它们之间最大的区别是：分治法在处理子问题重叠的问题时，会重复计算多次；而动态规划法会将之前求出的子问题的解保存下来，下次使用时直接调用即可，无须重复计算。

使用动态规划法处理问题是一个多阶段决策处理过程，由初始状态开始，各阶段的决策形成了一个决策序列，通过对中间各阶段决策的选择，达到最优解，如图 5.1 所示。

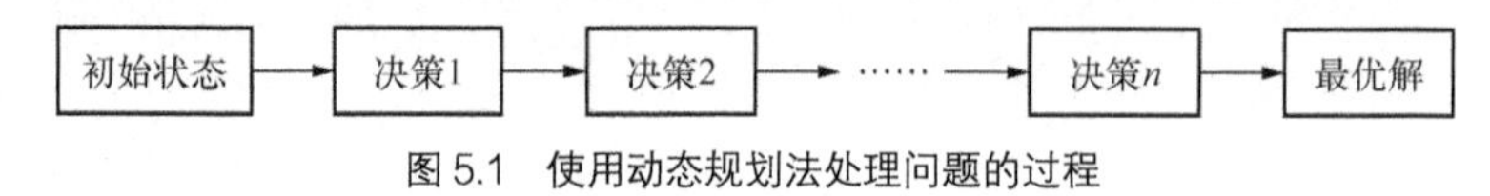

图 5.1　使用动态规划法处理问题的过程

5.1.2 最优决策表

动态规划法的求解过程可以用最优决策表来描述，最优决策表是一张二维表，表中的行代表决策的阶段，列代表问题的状态，表中的数据是需要填写的，通常情况下对应着问题在某个阶段的最优解，填表的过程其实就是根据递推关系，从第 1 行第 1 列开始，以行优先的顺序依次填写表格，最后根据整个表格的数据获得问题的最优解。

1. 0-1 背包问题

假设你有一个承重为 4kg 的背包，可以装入背包的物品清单如表 5.1 所示，已知每件物品对应的重量和价格。请运用最优决策表确定装入哪些物品能够使得背包价值最大。

表 5.1　物品清单

物品	重量（kg）	价值（元）
相机	1	1600
扫描仪	4	3500
笔记本电脑	3	2700

解题思路：首先绘制问题的最优决策表，表中的各行表示各阶段决策时可选择的物品，各列为不同容量（1kg～4kg）的背包，初始状态如表 5.2 所示。

表 5.2　最优决策表的初始状态

物品	1kg	2 kg	3 kg	4 kg
相机				
扫描仪				
笔记本电脑				

（1）第一阶段：第一行表示在本阶段能装入背包的物品只有相机，对于每个单元格来讲，都需要做如下简单的决定：装还是不装相机？请牢记，我们的目的是找到价值最高的商品集合。第一个单元格表示背包的容量为 1kg，相机的重量是 1kg，因此相机能装入背包，此时 1kg 背包的最大价值为 1600 元。再来看第二个单元格，这个单元格表示背包的承重为 2kg，能够装下相机，第三个和第四个单元格也一样。因为这是第一行，只有相机可供选择，所以现在还没法选择其他两件物品。该行的最后一个单元格表示的是当前的最大价值，表示在当前阶段，承重为 4kg 的背包能装入物品的最大价值为 1600 元。第一阶段填充的数据如表 5.3 所示。

表 5.3　最优决策表的第一阶段数据

物品	1kg	2kg	3kg	4kg
相机	1600 元	1600 元	1600 元	**1600 元**
扫描仪				
笔记本电脑				

（2）第二阶段：现在处于第二行，可装入背包的物品有相机和扫描仪。在每一行，可装入的物品都为当前行的物品以及之前各行的物品。因此，当前还不能装入笔记本电脑，而只能装入相机和扫描仪。第二行的第一个单元格表示背包的承重为 1kg，在此之前，可装入 1kg 背包的物品的最大价值为 1600 元，能装入扫描仪吗？不能，因为扫描仪的重量是 4kg，装不下，此时背包的最大价值还是 1600 元。第二行的第二个单元格表示背包的承重为 2kg，扫描仪还是无法装入，背包的最大价值还是 1600 元。第二行的第三个单元格表示背包的承重为 3kg，扫描仪仍然无法装入，背包的最大价值还是 1600 元。第二行的第四个单元格表示背包的承重为 4kg，终于能够装下扫描仪了！原来的最大价值是 1600 元，但如果在背包中装入扫描仪，最大价值将为 3500 元，因此还是选择装入扫描仪。本阶段更新了上一阶段的最大价值，最大价值由 1600 元变为 3500 元，在表格中，最大价值是逐步更新的。第二阶段填充的数据如表 5.4 所示。

表 5.4　最优决策表的第二阶段数据

物品	1kg	2kg	3kg	4kg	
相机	1600 元	1600 元	1600 元	1600 元	←上一阶段的最大价值
扫描仪	1600 元	1600 元	1600 元	**3500 元**	←最新的最大价值
笔记本电脑					

（3）第三阶段：现在处于第三行，可装入的物品有相机、扫描仪和笔记本电脑。第三行的第一个单元格表示背包的承重为 1kg，在此之前，可装入 1kg 背包的物品的最大价值是 1600 元，能装入扫描仪和笔记本电脑吗？不能，两者都装不下，此时背包的最大价值还是 1600 元。第三行的第二个单元格表示背包的承重为 2kg，扫描仪和笔记本电脑还是无法装入，背包的最大价值

还是 1600 元。第三行的第三个单元格表示背包的承重为 3kg，终于能够装下笔记本电脑了，原来的最大价值是 1600 元，但如果在背包中装入笔记本电脑，价值将为 2700 元，因此还是选择装入笔记本电脑。此时的最优决策表如表 5.5 所示。

表 5.5　最优决策表的第三阶段数据

物品	1kg	2kg	3kg	4kg
相机	1600 元	1600 元	1600 元	1600 元
扫描仪	1600 元	1600 元	1600 元	**3500 元**
笔记本电脑	1600 元	1600 元	2700 元	

第三行的第四个单元格表示背包的承重为 4kg，情况比较特殊，需要做进一步分析。当前的最大价值是 3500 元，可以不装入扫描仪，而装入笔记本电脑，但它只值 2700 元，价值没有原来的价值高，但是在装入笔记本的情况下背包还有 1kg 的剩余容量没有使用。对于 1kg 的容量，能够装入的物品的最大价值是多少呢？这个问题刚才已经计算过了，查询最优决策表，答案就是上一阶段所得的结果：在第二行的第一个单元格中，1kg 背包中可装入的最大价值是 1600 元。需要比较 3500 元与（2700+1600）元的大小，这也就是为什么要在前面计算小背包可装入物品的最大价值的原因。当背包有剩余容量时，可根据这些子问题的答案来确定剩余容量可装入的物品。此时相机和笔记本电脑的总价值为 4300 元，因此装入它们是更好的选择。这也是问题的最优解。最终填写好的最优决策表如表 5.6 所示。

表 5.6　最优决策表的最终解

物品	1kg	2kg	3kg	4kg
相机	1600 元	1600 元	1600 元	1600 元
扫描仪	1600 元	1600 元	1600 元	3500 元
笔记本电脑	1600 元	1600 元	2700 元	**4300 元**

最后一个单元格的解题步骤看似与其他单元格不同，其实在计算每个单元格的价值时，都是有一定规律的，使用的公式都是一样的，可以使用下面的公式来计算每个单元格的价值：

$$d[i][j]=\max\begin{cases}\text{上一个单元格的价值} & d[i-1][j]\\ \text{当前物品的价值}+\text{剩余空间的价格} & d[i-1][j-\text{当前商品的重量}]\end{cases}$$

2．0-1 背包问题的相关问题

（1）再增加一件物品

假设现在还有一件物品（手机）可以装入，它的价值是 2000 元，那么需要重头绘制最优决策表，再执行一遍前面所做的计算吗？不需要。因为动态规划是分阶段逐步计算最大价值，当前状态下，计算出的最大价值是 4300 元。再增加一件物品的话，只需要添加一行即可。先从第一个单元格开始，手机能够装入承重为 1kg 的背包，前一阶段 1kg 背包的最大价值是 1600 元，而手机的价格是 2000 元，因此应该装入的是手机。接下来，我们使用上面的公式来计算其余三个单元格的价值。第二个单元格上面的单元格的价值是 1600 元，当前手机的价格是 2000 元，重量是 1kg，还剩余 1kg，剩余 1kg 背包容量的最大价值是 1600 元，因此这个单元格的价值应当是两者中的较大者——3600 元。第三个单元格上面的单元格的价值是 2700 元，当前手机的价格是 2000 元，重量是 1kg，还剩余 2kg，剩余 1kg 背包容量的最大价值是 1600 元，因此这个单元格的价值应当是两者中的较大者——3600 元。第四个单元格上面的单元格的价值是 4300 元，当前手机的价格是 2000 元，重量是 1kg，还剩余 3kg，剩余 1kg 背包容量的最大价值是 2700 元，因此这个单元格的价值应当是两者中的较大者——4700 元。此时，新的最大价值发生了变化，由 4300 元变为 4700 元。最优决策表数据如表 5.7 所示。

表 5.7　增加一件物品后的最优决策表

物品	1kg	2kg	3kg	4kg
相机	1600 元	1600 元	1600 元	1600 元
扫描仪	1600 元	1600 元	1600 元	3500 元
笔记本电脑	1600 元	1600 元	2700 元	4300 元
手机	2000 元	3600 元	3600 元	**4700 元**

（2）行的排列顺序发生变化

当行的排列顺序发生变化时，最终的答案会发生变化吗？下面按照以下顺序填充各行：扫描仪、笔记本电脑、相机。重新绘制的最优决策表如表 5.8 所示。

表 5.8　行的排列顺序发生变化后的最优决策表

物品	1kg	2kg	3kg	4kg
扫描仪	0	0	0	3500 元
笔记本电脑	0	0	2700 元	3500 元
相机	1600 元	1600 元	2700 元	**4300 元**

最终解并没有发生变化，因此行的排列顺序无关紧要。

（3）再增加一件重量更小的物品

现在还有一件物品可以装入（MP3），它的价格是 1200 元，重量是 0.5kg，应该如何处理呢？在之前的最优决策表中，所有物品的重量是整数，假设现在决定装入 MP3，剩余的容量为 3.5kg。3.5kg 背包所装物品的最大价值是多少呢？不知道！因为前面只计算了容量为 1kg、2kg、3kg 和 4kg 的背包所装物品的最大价值。现在需要计算容量为 3.5kg 的背包所装物品的最大价值，则需要考虑的粒度更细，因此必须调整最优决策表的结构，如表 5.9 所示。

表 5.9　再增加一件重量更小的物品后的最优决策表

物品	0.5kg	1kg	1.5kg	2kg	2.5kg	3kg	3.5kg	4kg
相机	0	1600 元	1600 元	1600 元	1600 元	1600 元	1600 元	1600 元
扫描仪	0	1600 元	1600 元	1600 元	1600 元	1600 元	1600 元	3500 元
笔记本电脑	0	1600 元	1600 元	1600 元	1600 元	2700 元	2700 元	4300 元
MP3	1200 元	1600 元	2800 元	2800 元	2800 元	2800 元	3900 元	4300 元

（4）旅游行程最优化

假期你要去北京旅游，为期 4 天，你想去很多地方，但由于时间限制没办法游览每个地方，因此列出单子，对于每个景点都列出需要的时间和评分，如表 5.10 所示。请找出去哪些景点能够获得最大价值。

表 5.10　景点清单

景点	时间	评分
故宫	1 天	7
颐和园	2 天	8
长城	3 天	9
天坛	1 天	6

这个问题本质上也是背包问题，只不过在这里约束条件不是背包的承重，而是有限的时间；不是决定应该装入哪些物品，而是决定该去哪些景点旅游。请根据上面的景点清单绘制动态规划网格，绘制好的最优决策表如表 5.11 所示。

表 5.11　最优决策表—旅游行程最优化（1）

景点	1 天评分	2 天评分	3 天评分	4 天评分
故宫	7	7	7	7
颐和园	7	8	15	15
长城	7	8	15	16
天坛	7	13	15	21

假设你还有一个可供选择的景点——动物园，需要的时间是 1 天，评分为 7，你要去吗？这个问题和背包问题中增加一件物品的情形是同类型的问题，只需要再增加一行，判断产生的最新最大价值是否比原来的最大价值高即可。如果比原来的价值高就去，反之就不去。更新后的最优决策表如表 5.12 所示。加入动物园后得到的最优解 22 比上一次决策所得的最优解 21 高，因此选择去动物园。

表 5.12　最优决策表—旅游行程最优化（2）

景点	1 天评分	2 天评分	3 天评分	4 天评分
故宫	7	7	7	7
颐和园	7	8	15	15
长城	7	8	15	16
天坛	7	13	15	21
动物园	7	14	20	22

（5）处理子问题相互依赖的情况

假设你还想去威海，因此在前面的景点清单中又添加了几个景点，如表 5.13 所示。

表 5.13　景点清单

景点	时间	评分
故宫	1 天	7
颐和园	2 天	8
长城	3 天	9
天坛	1 天	6
环翠楼	1.5 天	6
成山头	1.5 天	8
幸福门	1.5 天	7

要去这些新景点游览，你先得从北京前往威海，路程需要耗费 0.5 天时间。如果这 3 个新景点都去游览的话，是不是需要 4.5 天呢？不是，因为不是去每个新景点都得先从北京前往威海，到达威海后，每个新景点都只需要 1 天时间。因此，游览上述 3 个新景点需要的总时间为 3.5 天，而不是 4.5 天。将环翠楼加入“背包”后，“成山头”和“幸福门”需要的时间就会缩短为 1 天，如何使用动态规划法来解决这个问题呢？答案是无法使用，原因是动态规划法的子问题必须不依赖于其他子问题，类似这种子问题相互之间存在相互依赖关系的情况，是不适合使用动态规划法的。

【例 5.1】假设你要去外地办事，你有一个承重为 4kg 的背包，你需要决定带表 5.14 中所列的哪些物品。其中每件物品都有相应的价值，价值越大意味着越重要。请设计算法，确定携带哪些物品。

表 5.14 物品清单

物品	重量（kg）	价值
书	3	8
大衣	1	6
相机	1	5
笔记本电脑	2	7

（1）说明你所采用的算法以及选择它的原因。

（2）应用上述算法列出应选择的物品。

（3）假设你还可以装另外一件物品——音响，它的重量是 2kg、价值是 6，你要携带它吗？说明你的理由。

解题思路如下：

（1）本题使用动态规划法，原因是本题属于 0-1 背包问题，动态规划法可以求得该问题的最优解。

（2）动态规划算法的求解过程如表 5.15 所示。

表 5.15 最优决策表（1）

物品	1kg	2kg	3kg	4kg
书	0	0	8	8
大衣	6	6	8	14
相机	6	11	11	14
笔记本电脑	6	11	13	18

装入的物品为大衣、相机、笔记本电脑。

（3）不装音响，因为装入音响后得到的最优解和上一次决策的最优解一致，并没有增加价值。求解过程如表 5.16 所示。

表 5.16 最优决策表（2）

物品	1kg	2kg	3kg	4kg
书	0	0	8	8
大衣	6	6	8	14

续表

物品	1kg	2kg	3kg	4kg
相机	6	11	11	14
笔记本电脑	6	11	13	18
音响	6	11	13	18

动态规划法能在给定的约束条件下找到最优解。在 0-1 背包问题中，能够在背包容量给定的情况下，装入价值最高的物品。当原有问题可分解为彼此独立且离散的子问题时，就能够使用动态规划来解决。最优决策表能够描述动态规划的解决方案，其中单元格中的值通常就是所求的最优值。在 0-1 背包问题中，单元格中的值表示物品的价值，每一个单元格都是一个子问题，因此在使用动态规划法解决问题时要关注如何将原有问题分解成子问题，确定最优决策表的行和列。

5.2 动态规划法的应用

之前介绍过动态规划法与分治法的区别，两者都通过组合子问题的解来求解原有问题。不同的是，分治法适合处理能够划分为互不相交的子问题的问题，通过递归地求解子问题来推出原有问题的解。而动态规划法适用于子问题重叠的情况，即不同的子问题具有公共的子问题。分治法则不适合，因为它会重复求解这些公共的子问题，动态规划法则会把子问题的解保存下来，避免重复计算，可以说动态规划法是用空间来换时间。

5.2.1 斐波那契数列

下面分别使用分治法和动态规划法来求解斐波那契数列问题。斐波那契数列 fib(n)的递推定义是：

$$\mathrm{fib}(n)=\begin{cases}1 & \text{当}n=1\text{时}\\ 1 & \text{当}n=2\text{时}\\ \mathrm{fib}(n-1)+\mathrm{fib}(n-2) & \text{当}n>2\text{时}\end{cases}$$

1. 分治法解题

如图 5.2 所示，先分解原有问题，再递归地求解子问题以推出原有问题的解。斐波那契数列的递归设计如下：

```
long fib(int n)
   {
      if(n == 1 || n == 2)
          return 1;                        //递归出口
      else
          return fib(n-1) + fib(n-2);     //递归调用
   }
```

当 $n\geqslant3$ 时，fib(n)函数会调用函数 fib($n-1$)和 fib($n-2$)来求解。当 n=5 时，求解 fib(5)的函数调用过程如图 5.2 所示。

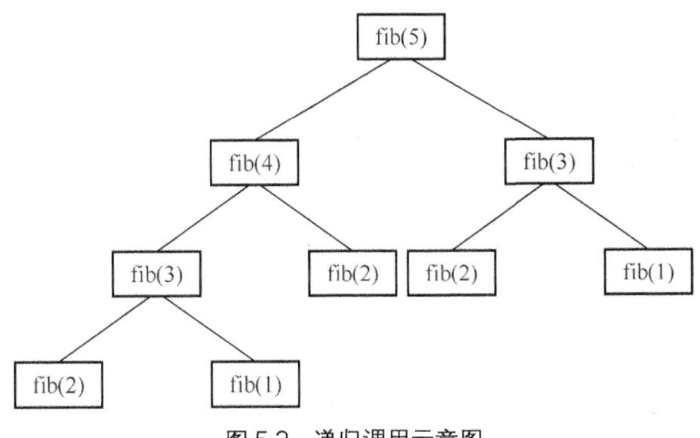

图 5.2　递归调用示意图

如图 5.2 所示，在求解 fib(5)时，计算 fib(4)一次，计算 fib(3)两次，计算 fib(2)三次，计算 fib(1)两次。这个问题有多次重复的 fib()函数调用，当 n 逐渐增大时，重复计算的次数将会急剧增加，因此算法的效率较低。

2. 动态规划法解题

为了解决使用分治法时出现的问题，下面尝试使用动态规划法，动态规划法能够在问题的求解过程中，保存上一个子问题的解，这样能够重复求解子问题。在使用动态规划法求解斐波那契数列的第 n 时，需要保存的是 fib($n-1$)和 fib($n-2$)的值，定义一个一维数组，用来存放斐波那契数列的各个项，从而提升运行效率。

算法设计如下：

```
long fib1(int n)
  {
     long f[n];
     f[1] = 1;
     f[2] = 1;
     for(i = 3; i <= n; i++)
        f[i] = f[i-1] + f[i-2];
     return f[n];
  }
```

由此可知，动态规划法是对上一个子问题的解进行保存，以便下次再利用，它的问题求解流程如图 5.3 所示。

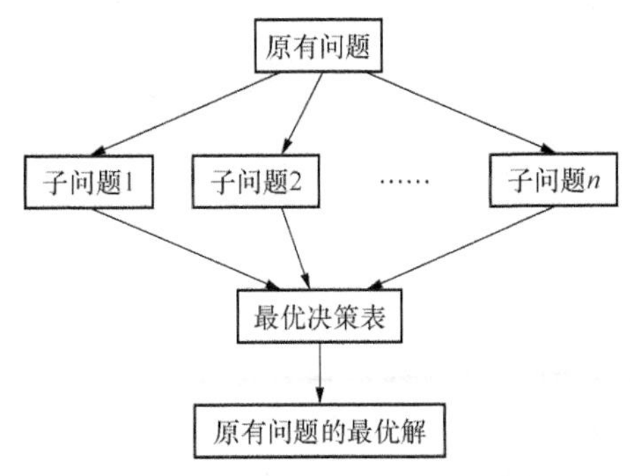

图 5.3　动态规划法的问题求解流程

5.2.2 数字塔问题

问题描述：从数字塔的顶端出发，在经过的每一个结点处都可以选择向左走或向右走，一直走到最底端，请找出一条路径，要求经过路径上的数值和最大，如图 5.4 所示。

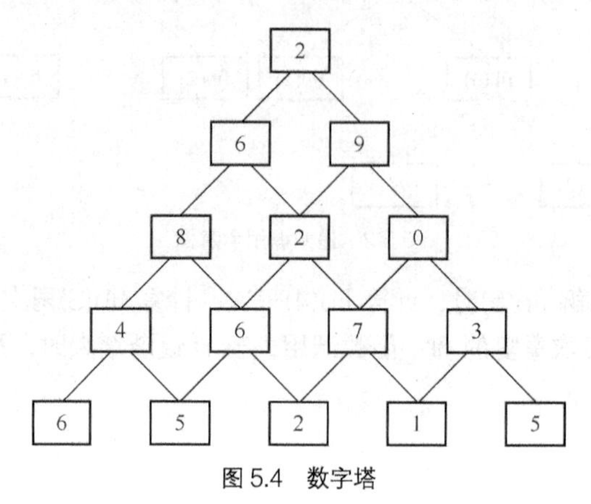

图 5.4 数字塔

1. 解题思路

首先进行问题分解，从 5 层数字塔的顶端数字 2 出发，走下面的哪一个分支主要取决于位于数字 2 下方的左右两个 4 层数字塔的最大数值和，如图 5.5 所示。以此类推，每个 4 层数字塔的问题又可以分解为两个 3 层数字塔的问题，每个 3 层数字塔的问题又可以分解为两个 2 层数字塔的问题，每个 2 层数字塔的问题又可以分解为两个 1 层数字塔的问题，而 1 层数字塔的最大数值和就是其本身，于是进入问题的求解过程。接下来求解下一阶段的子问题，第 4 层的求解是在最底层决策的基础上进行的，第 3 层的求解是在第 4 层的基础上进行的，第 2 层的求解是在第 3 层的基础上进行的，直到最后一个阶段。第 1 层的求解是在第 2 层的基础上进行的，也是数字塔的整体最优解。

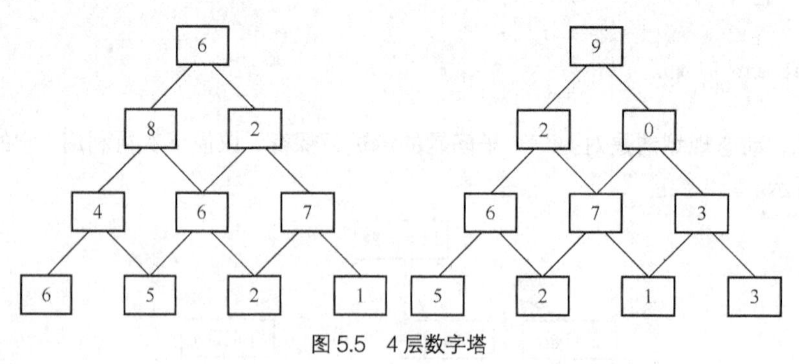

图 5.5 4 层数字塔

2. 算法设计

```
int Dtower(int a[][], int n)
```

（1）功能：求解数字塔问题。

（2）输入：存放数字塔的二维数组 *a*[][]，数字塔的行数 *n*。

（3）输出：最大路径数值和 $d[1][1]$。

```
int Dtower(int a[][] ,int n)
 {
     int i,int j, d[MAXN][MAXN];
     for(j=1; j<=n; j++)
        d[n][j]=a[n][j];
     for(i=n-1; i>=1; i--)
        for(j=1; j<=i; j++)
            d[i][j]=a[i][j]+(d[i+1][j]>d[i+1][j+1]?d[i+1][j]:d[i+1][j+1]);
     return d[1][1];
 }
```

5.2.3 凑硬币问题

问题描述：给定 n 种不同的硬币，面值分别为$\{v_1, v_2,\cdots, v_n\}$，给出金额 y，设计算法，用最少的硬币凑出 y。

1. 解题思路

现在有面值为1元、3元和5元的硬币若干，如何用最少的硬币凑够9元?

这道题给人的第一感觉是可以使用贪心算法，先选面值最大的，最多能够选一枚5元的硬币，目前5元了，还差4元；接下来我们选面值第2大的3元硬币，最多能够选一枚，目前8元了，还差1元；继续选面值第3大的硬币，也就是1元硬币，选一枚就可以了。因此，我们用3枚硬币凑够了9元。

如果题目改为现在有面值为2元、3元和5元的硬币若干，如何用最少的硬币凑够9元? 这个问题还能否使用贪心法来求解呢? 先尝试使用一下贪心策略，先选面值最大的，最多能够选一枚5元的硬币，目前5元了，还差4元；接下来我们选取面值第2大的3元硬币，最多能够选一枚，目前8元了，还差1元；继续选面值第3大的硬币，也就是2元硬币，发现不行，这时候用贪心法怎么也凑不出9元。对于这个问题，贪心法失效了，可见对于凑硬币问题，贪心法并不能够保证找出最优解。

接下来用动态规划法来求解这个问题。

（1）用 $c(i)$表示为凑够 i 元所需的最少硬币数。当 $i=0$，表示需要多少个硬币来凑够0元。显然 $c(0)=0$，表示凑够0元最少需要0枚硬币。

（2）当 $i=1$ 时，硬币的最小面额是2元，因此显然凑不了，令 $c(1)=9999$（9999表示不能实现的情况）。

（3）当 $i=2$ 时，目前只有面值为2元的硬币可用，直接拿出一枚面值为2的硬币，接下来只需要凑够0元就可以了，而这个问题的解是已知的，$c(0)=0$。因此，$c(2)=c(2-2)+1=c(0)+1=1$。

（4）当 $i=3$ 时，目前有面值为2元和面值为3元的硬币可用，要取的第一枚硬币可以选2元或3元硬币中的任意一种。如果第一枚选的是2元硬币，那么接下来凑1元即可；如果第一枚选的是3元硬币，那么接下来凑0元即可。最优解应当是两者之间所需硬币数较小的，也就是求解 $\min\{c(3-2)+1, c(3-3)+1\}$，此时 $c(3-3)+1<c(3-2)+1$，因此最优解是 $c(3-3)+1=c(0)+1=1$。

（5）当 $i=4$ 时，目前有面值为2元和面值为3元的硬币可用，要取的第一枚硬币可以选2

元或 3 元硬币中的任意一种。如果第一枚选的是 2 元硬币，那么接下来凑 2 元即可；如果第一枚选的是 3 元硬币，那么接下来凑 1 元即可。最优解应当是两者之间所需硬币数较小的，也就是求解 $\min\{c(4-2)+1, c(4-3)+1\}$，此时 $c(4-2)+1<c(4-3)+1$，因此最优解是 $c(4-2)+1=c(2)+1=2$。

（6）当 $i=5$ 时，目前有面值为 2 元、3 元和 5 元的硬币可用，要取的第一枚硬币可以选 2 元、3 元和 5 元硬币中的任意一种。如果第一枚选的是 2 元硬币，那么接下来凑 3 元即可；如果第一枚选的是 3 元硬币，那么接下来凑 2 元即可；如果第一枚选的是 5 元硬币，那么接下来凑 0 元即可。最优解应当是三者之间所需硬币数较小的，也就是求解 $\min\{c(5-2)+1, c(5-3)+1, c(5-5)+1\}$，此时 $c(5-5)+1$ 最小，因此最优解是 $c(5-5)+1=c(0)+1=1$。

（7）当 $i=6$ 时，目前有面值为 2 元、3 元和 5 元的硬币可用。要取的第一枚硬币可以选 2 元、3 元和 5 元硬币中的任意一种。如果第一枚选的是 2 元硬币，那么接下来凑 4 元即可；如果第一枚选的是 3 元硬币，那么接下来凑 3 元即可；如果第一枚选的是 5 元硬币，那么接下来凑 1 元即可。最优解应当是三者中所需硬币数较小的，也就是求解 $\min\{c(6-2)+1, c(6-3)+1, c(6-5)+1\}$，此时 $c(6-3)+1$ 最小，因此最优解是 $c(6-3)+1=c(3)+1=2$。

（8）当 $i=7$ 时，目前有面值为 2 元、3 元和 5 元的硬币可用。要取的第一枚硬币可以选 2 元、3 元和 5 元硬币中的任意一种。如果第一枚选的是 2 元硬币，那么接下来凑 5 元即可；如果第一枚选的是 3 元硬币，那么接下来凑 4 元即可；如果第一枚选的是 5 元硬币，那么接下来凑 2 元即可。最优解应当是三者中所需硬币数较小的，也就是求解 $\min\{c(7-2)+1, c(7-3)+1, c(7-5)+1\}$，此时 $c(7-2)+1$ 和 $c(7-5)+1$ 都是较小的，因此最优解是 $c(7-2)+1=c(5)+1=2$。

（9）当 $i=8$ 时，目前有面值为 2 元、3 元和 5 元的硬币可用。要取的第一枚硬币可以选 2 元、3 元和 5 元硬币中的任意一种。如果第一枚选的是 2 元硬币，那么接下来凑 6 元即可；如果第一枚选的是 3 元硬币，那么接下来凑 5 元即可；如果第一枚选的是 5 元硬币，那么接下来凑 3 元即可。最优解应当是三者中所需硬币数较小的，也就是求解 $\min\{c(8-2)+1, c(8-3)+1, c(8-5)+1\}$，此时 $c(8-3)+1$ 和 $c(8-5)+1$ 是较小的，因此最优解是 $c(8-3)+1=c(5)+1=2$。

（10）当 $i=9$ 时，目前有面值为 2 元、3 元和 5 元的硬币可用。要取的第一枚硬币可以选 2 元、3 元和 5 元硬币中的任意一种。如果第一枚选的是 2 元硬币，那么接下来凑 7 元即可；如果第一枚选的是 3 元硬币，那么接下来凑 6 元即可；如果第一枚选的是 5 元硬币，那么接下来凑 4 元即可。最优解应当是三者中所需硬币数较小的，也就是求解 $\min\{c(9-2)+1, c(9-3)+1, c(9-5)+1\}$，此时 $c(9-2)+1$ 和 $c(9-5)+1$ 都是最小的，因此最优解是 $c(9-5)+1=c(4)+1=3$。

综上所述，本题的最优解是 3。从问题的求解过程中，可以发现每一步都是从前一步的最优解的集合中选一个，然后再走一步即可，如表 5.17 所示。

表 5.17　凑硬币问题的求解过程

i	$c(i)$
0	$c(0)=0$，表示凑够 0 元最少需要 0 枚硬币
1	$c(1)=9999$（9999 表示不能实现的情况）
2	$c(2)=c(2-2)+1=c(0)+1=1$
3	$c(3)=\min\{c(3-2)+1, c(3-3)+1\}=1$
4	$\min\{c(4-2)+1, c(4-3)+1\}=2$
5	$\min\{c(5-2)+1, c(5-3)+1, c(5-5)+1\}=1$
6	$\min\{c(6-2)+1, c(6-3)+1, c(6-5)+1\}=3$

续表

i	$c(i)$
7	$\min\{c(7-2)+1, c(7-3)+1, c(7-5)+1\}=2$
8	$\min\{c(8-2)+1, c(8-3)+1, c(8-5)+1\}=2$
9	$\min\{c(9-2)+1, c(9-3)+1, c(9-5)+1\}=3$

如表 5.17 所示，可以得到如下递推公式：

$$c(i) = \min\{c(i-v_j) + 1\}，其中\ i \geqslant v_j$$

上式中，$c(i)$表示凑够 i 元需要的最少硬币数，将它定义为该问题的“状态”，这个状态是根据子问题定义状态找出的，最终我们要求解的问题，可以用如下状态来表示：$c(9)$，表示凑够 9 元最少需要多少枚硬币。上面的递推公式叫作状态转移方程，用来描述状态之间是如何转移的。找出它们是动态规划法解题的关键，在分析问题的过程中，通常情况下没有办法一眼就看出状态转移方程，这需要实践积累，这也是动态规划法的难点所在。

2. 算法设计

```
int coin(int a[], int n)
```

（1）功能：求解凑硬币问题。

（2）输入：存放硬币面值的数组 $a[]$，要凑的金额 n。

（3）输出：最少的硬币数 $c[n]$。

```
int coin(int a[], int n)
  {
     int i,int j, c[n+1];
     for(i = 0; i <= sum; i++)
        c[i] = i;
        for(i = 1; i <= sum; i++)
          {
            for(j = 0; j < 3; j++)
              {
                if(i >= a[j] && c[i - a[j]] + 1 < c[i])
                   {c[i] = c[i- a[j] ] + 1; }
              }
          }
      return c[n];
  }
```

5.2.4　0-1 背包问题

问题描述：给定承重为 C 的背包和 n 种物品，已知物品 i 的重量是 w_i、价值为 v_i。求解的问题是：如何选择装入背包的物品，使得装入背包的物品的总价值最大。

（1）设 x_i表示物品 i 装入背包的情况。对于解向量 $\boldsymbol{X}=(x_1, x_2,\cdots, x_n)$，$x_i$的取值只有 0 和 1，当 $x_i=0$ 时表示物体 i 没被装入背包，当 $x_i=1$ 时表示物体 i 整个被装入背包。

（2）约束条件：背包的承重量为 C，因此装入背包的物品的总重量不得超过 C。

$$\sum_{1 \leqslant i \leqslant n} w_i x_i \leqslant C$$

（3）问题的求解目标：背包中物品的总价值最大。

$$\max \sum_{i=1}^{n} v_i x_i$$

1. 解题思路

使用动态规划法来求解。将0-1背包问题看作决策序列（x_1, x_2,⋯, x_n），针对其中的 x_i 的决策是取1还是0。在决策 x_i 时，有以下两种状态：

（1）背包装不下物品 i，取 $x_i = 0$，背包原价值不变。

（2）背包可以装下物品 i，取 $x_i = 1$，背包价值增加了 v_i。

两种情况下，背包价值的最大者就是对 x_i 决策后的背包价值。

将 $V(i, j)$ 定义为该问题的状态，表示前 i 个物品中在装入承重为 $j(1 \leqslant j \leqslant C)$ 的背包后获得的最大价值，可以得到如下状态转移方程。

$$V(i,j)=\begin{cases} V(i-1,j) & j < w_i \\ \max\{V(i-1,j), V(i-1,j-w_i)+v_i\} & j \geqslant w_i \end{cases}$$

上式表示：

（1）如果背包的容量小于第 i 个物品的重量，物品 i 就不能装入背包；此时背包的最大价值不会发生变化。

（2）如果背包的容量大于第 i 个物品的重量，物品 i 可以装入背包，此时有两个选择。

① 将物品 i 装入背包，此时背包的价值是把前 i–1 个物品装入容量为 j–w_i 背包后的总价值加上第 i 个物品的价值 v_i。

② 不将物品 i 装入背包，此时背包的价值是把前 i–1 个物品装入容量为 j 的背包后的总价值。

取上述二者中价值较大者作为最优解。

假设有如表5.18所示物品清单，背包的承重量为4kg。

表5.18 物品清单

物品	重量（kg）	价值（元）
A	2	60
B	1	50
C	3	100

下面运用状态转移方程，计算表5.19所示最优决策表中各个单元格的价值。

表5.19 最优决策表

物品	1	2	3	4
A	0	60	60	60
B	50	60	110	110
C	50	60	110	150

（1）第一行单元格的价值：
a.　$V(1, 1)=V(0, 1)=0$
b.　$V(1, 2)=\max\{0,60+0\}=60$
c.　$V(1, 3)=\max\{0,60+0\}=60$
d.　$V(1, 4)=\max\{0,60+0\}=60$
（2）第二行单元格的价值：
a.　$V(2, 1)=\max\{0,50+0\}=50$
b.　$V(2, 2)=\max\{60,50+0\}=60$
c.　$V(2, 3)=\max\{60,50+60\}=110$
d.　$V(2, 4)=\max\{60,50+60\}=110$
（3）第三行单元格的价值：
a.　$V(3, 1)=V(2, 1)=50$
b.　$V(3, 2)=V(2, 2)=60$
c.　$V(3, 3)=\max\{110,100+0\}=110$
d.　$V(3, 4)=\max\{110,100+50\}=150$
该问题的最优解是 150。

2. 算法设计

```
int Dpbag(int n, int w[ ], int v[ ],int c)
```

（1）功能：求解 0-1 背包问题。
（2）输入：背包承重为 c，物品件数 n，物品重量数组 $w[n]$，物品价值数组 $v[n]$。
（3）输出：背包的最大价值 $d[n][c]$，存储装入物品状态的数组 $x[i]$。

```
int Dpbag(int n, int w[ ], int v[ ],int c)
  {
    int i,j,x[n],d[n+1][c+1];
    for (i=0; i<=n; i++)
      {d[i][0]=0;x[i]=0;}
    for (j=0; j<=c; j++)
      d[0][j]=0;
    for (i=1; i<=n; i++)
      for (j=1; j<=c; j++)
         if ( j<w[i])
            d[i][j]=d[i-1][j];                              //不装入物品 i
         else
           d[i][j]=max(d[i-1][j], d[i-1][j-w[i]]+v[i]);    //装入物品 i
      j=c;
      for (i=n; i>0; i--)
        {
         if (d[i][j]>d[i-1][j])
          {
           x[i]=1;
```

```
            j=j-w[i];
          }
         else x[i]=0;
        }
        return d[n][c];                                     //返回背包的最大价值
    }
```

5.3 动态规划法的分析与设计

分析与设计动态规划法的基本步骤如下。

（1）确定状态。将问题发展到各个阶段的状态表示出来。

（2）确定状态转移方程。状态转移方程表示如何根据上一阶段的状态和决策来导出本阶段的状态，可以通过分析相邻两个阶段的状态之间的关系来确定状态转移方程。

（3）采用自底向上的方法计算各个阶段的最优解，并通过这些解来构造问题的最优解。

【例 5.2】斐波那契数列。

解题思路如下：

（1）用 fib(n)表示斐波那契数列中第 n 个数的值。

（2）状态转移方程如下。

$$\mathrm{fib}(n)=\begin{cases}1 & 当n=1时\\ 1 & 当n=2时\\ \mathrm{fib}(n-1)+\mathrm{fib}(n-2) & 当n>2时\end{cases}$$

（3）以自底向上的方法计算最优解，求解过程如表 5.20 所示。

表 5.20　最优解的存储数组

n	fib(n)
1	1
2	1
3	2
4	3
5	5
6	6
7	13
8	21
9	34
10	55
…	…

【例 5.3】求阶乘问题。

（1）用 factorial(n)表示斐波那契数列中第 n 个数的值。

（2）状态转移方程如下。

$$\text{factorial}(n)=\begin{cases}1 & \text{当}n=1\text{时}\\ n\times\text{factorial}(n-1) & \text{当}n>1\text{时}\end{cases}$$

（3）以自底向上的方法计算最优解，求解过程如表 5.21 所示。

表 5.21　最优解的存储数组

n	factorial(n)
1	1
2	2
3	6
4	24
5	120
6	720
…	…

【例 5.4】排队买票问题。

问题描述：本周末有一场电影首映，有 n 个观众在排队买票，一个人买一张票。售票处规定：一个人每次最多只能买两张票。假设第 i 位歌迷买一张票的时间是 $t_i(1\leqslant i\leqslant n)$，队伍里相邻的两位观众（第 i 个人和第 i+1 个人）也可以由其中一个人一次买两张票，这样另一位就不用排队了。此时他们买两张票的时间就变成了 e_i，如果 $e_i<t_i+t_{i+1}$，就能够缩短后面观众等待的时间，加快售票过程。设计算法，求让每个人都买到票的最短时间。

解题思路如下：

（1）用 ticket(i)表示前 i 个人买票所需最短时间，有以下两种情况。

① 第 i 个人的票自己买。

② 第 i 个人的票由第 i–1 个人买。

（2）状态转移方程如下

$$\text{ticket}(n)=\begin{cases}0 & \text{当}i=0\text{时}\\ t_i & \text{当}i=1\text{时}\\ \min\{\text{ticket}(i-1)+t_i,\ \text{ticket}(i-2)+e_{i-1}\} & \text{当}i>1\text{时}\end{cases}$$

（3）以自底向上的方法计算最优解即可。

【例 5.5】最长递增子序列

问题描述：在整数序列 $D=\{d_1, d_2,\cdots, d_n\}$中按照下标递增序列（$i_1, i_2,\cdots, i_k$）（$1\leqslant i_1< i_2<\cdots< i_k\leqslant n$）顺序选出子序列 Z，如果子序列 Z 中的数字是递增排列的，就称 Z 为序列 D 的递增子序列。最长递增子序列是指序列 D 中最长的子序列。

解题思路如下：

（1）假设 Long(n)表示整数序列 $D=\{d_1, d_2,\cdots, d_n\}$的最长递增子序列的长度。

（2）状态转移方程如下：

$$\text{Long}(i)=\begin{cases}1 & i=1\text{或不存在}d_j<d_i(1\leqslant j<i)\\ \max\{\text{Long}(j)+1\} & d_j<d_i(1\leqslant j<i)\end{cases}$$

（3）以自底向上的方法计算最优解。

假设有整数序列 D={4, 1, 8, 5, 2, 5, 11, 7}，求最长递增子序列的步骤如下：

```
    Long(1)=1({4})
    Long(2)=1({1})
    Long(3)=max{Long(1)+1, Long(2)+1}=2({4, 8}, {1, 8})
    Long(4)= max{Long(1)+1, Long(2)+1}=2({4, 5}, {1, 5})
    Long(5)=Long(2)+1=2({1, 2})
    Long(6)=max{Long(1)+1, Long(2)+1, Long(5)+1)}=3({1, 2, 5})
    Long(7)=max{Long(1)+1, Long(2)+1, Long(3)+1, Long(4)+1, Long(5)+1, Long(6)+
1}=4({1, 2, 5, 11})
    Long(8)=max{Long(1)+1, Long(2)+1, Long(4)+1, Long(5)+1, Long(6)+1}=4({1,
2, 5, 7})
```

由此可知，序列 D 的最长递增子序列有两个——{1, 2, 5, 11}和{1, 2, 5, 7}，长度为 4。

算法设计如下：

```
int Long(int d[], int n)
```

（1）功能：求解最长递增子序列问题。

（2）输入：存储整数序列的数组 d[]，数据元素个数 n。

（3）输出：最长递增子序列的长度。

```
int Long(int d[], int n)
 {
    int i, j, k, index,long;
    int l[n+1], z[n+1][ n+1];
    for(i=0; i<n; i++)
      { l[i]=1;z[i][0]=d[i];}
    for(i=1; i<n; i++)
     {                                              //计算 d[0]~d[i]的最长递增子序列
       long=1;
       for(j=i-1; j>=0; j--)
         {
            if((d[j]<d[i])&&( long <l[j]+1))
             {
               long =l[j]+1;
               l[j]= long;
               for(k=0; k< long -1; k++)
                  z[i][k]=z[j][k];                  //将 j 对应的子序列复制到 i
               z[i][long -1]=d[i];                  //接到前面子序列的最后
             }
         }
       }
    for(index=0, i=1; i<n; i++)                     //求所有递增子序列的最大长度
      if(l[index]<l[i])
          index=i;
    for(i=0; i<l[index]; i++)                       //输出最长递增子序列
      printf("%d", z[index][i]);
```

```
        return l[index];                                    //返回最长递增子序列的长度
    }
```

【例 5.6】整数拆分问题。

问题描述：设计算法，求解将正整数 m 拆分成最多不超过 t 个数之和的拆分数。

假设 m=4、t=4，对应的拆分方案有：

a. 4=4

b. 4=3+1

c. 4=2+2

d. 4=2+1+1

e. 4=2+1+1

f. 4=1+1+1+1

解题思路如下：

（1）假设 split(m,t)为将正整数 m 拆分成最多不超过 t 个数之和的拆分个数。

（2）状态转移方程如下。

a. 当 m=1、t=1 时，split(m,t)=1。

b. 当 m<t 时，split(m,t)=split(m,m)。

c. 当 m=t 时，分为两种情况。一是将正整数 m 拆分成最多不超过 m–1 个数之和；二是将 m 拆分成 m 个 1，得到 split(m,m)=split(m,m–1)+1。

d. 当 m>t 时，分为两种情况。一是将正整数 m 无序拆分成最多不超过 t-1 个数之和；即 split(m,t–1)；二是将余下的数拆分成 t 个数之和，即 split(m–t,t)，此时 split(m,t)=split(m,t–1)+split(m–t,t)。

由于 m、t 均为正整数，可以用二维数组 dp 来存放将正整数 m 无序拆分成最大数为 t 的拆分数，dp[m][t]即为所求结果。最后采用递推方式实现对应的非递归算法。

算法设计如下：

```
int split(int m,int t)
```

（1）功能：求解整数拆分问题。

（2）输入：正整数 m 的值，t 的值。

（3）输出：拆分个数。

```
int split(int m,int t)
    {
        int i,j;
        int s[m+1][t+1];
        for (i=1;i<=m;i++)                           //计算并存储每个子问题的解
          for(j=1;j<=t;j++)
            {
              if (i==1 || j==1)
                  dp[i][j]=1;
              else if (i<j)
                  dp[i][j]=dp[i][i];
              else if (i==j)
                  dp[i][j]=dp[i][j-1]+1;
```

```
                else if (i>j)
                    dp[i][j]=dp[i][j-1]+dp[i-j][j];
            }
        return dp[m][t];                                    //返回拆分个数
    }
```

5.4 动态规划法示例

【例 5.7】跨楼梯问题。

问题描述：现有一段楼梯，共 n 层台阶，假设每次只能往上走一层或二层台阶。如果要走上第 n 层台阶，请设计算法，求出共有多少走法?

解题思路如下：

假设走到第 n 层有 k 种走法，按要求每次只能往上走一层或二层台阶，那么要想走到第 n 层，只有两种走法：一是从 $n-1$ 层跨一步上去，二是从 $n-2$ 层跨两步上去。假设走到第 $n-1$ 层有 k_1 种走法，走到第 $n-2$ 层有 k_2 种走法，那么：

$$k = k_1 + k_2$$

从上面的式子可以看出：走到第 n 层的走法 k 依附于走到第 $n-1$ 层的走法 k_1 和走到第 $n-2$ 层的走法 k_2。一个问题的解依附于其子问题的解，这是使用动态规划法的明显特征。也就是说，只要求出 $n-1$ 层的走法 k_1 和 $n-2$ 层的走法 k_2 就能求走到第 n 层的走法 k。同样的道理，第 $n-1$ 层的走法可以由第$(n-1)-1$ 和$(n-1)-2$ 层的走法求得，第 $n-2$ 层的走法也可以从$(n-2)-1$ 和$(n-2)-2$ 层的走法求得。

假设现在有 5 个台阶，每次只能走一层台阶或二层台阶，问有多少种走法到第 5 层?

动态规划法需要存储各个子问题的解，因此定义数组 s 来存储各个层的走法。上面所说的 k、k_1 和 k_2 可以用 $s[i]$、$s[i-1]$、$s[i-2]$来表示，使问题看起来更加清晰。

$s[1]$表示走到第 1 个台阶的走法，只有一种可能，就是往上走一步，$s[1]=1$。

$s[2]$表示走到第 2 个台阶的走法，有两种走法，可以一次一步，也可以一次跨两步，$s[2]=2$。

要到达第 5 层，只有两种可能：

（1）往上走一个台阶，从第 4 层上去。

（2）往上走两个台阶，从第 3 层上去。

已知走到第 4 层有 $s[4]$种走法，走到第 3 层有 $s[3]$种走法。因此，走到第 5 层有 $s[4] + s[3]$种走法，$s[5]=s[4] + s[3]$。

$$\begin{aligned} s[5]&=s[4] + s[3] \\ &=(s[3] + s[2]) + (s[2] + s[1]) \\ &=(s[2] + s[1] + s[2]) + (s[2] + s[1])=8 \end{aligned}$$

（1）假设 step(n)为每次只能往上走一层或二层台阶，走到第 n 层的走法。

（2）状态转移方程如下：

$$\text{step}(n)=\begin{cases} 1 & \text{当}n=1\text{时} \\ 2 & \text{当}n=2\text{时} \\ \text{step}(n-1)\times\text{step}(n-2) & \text{当}n>2\text{时} \end{cases}$$

算法设计如下：

```
step(int n)
```

（1）功能：求解跨楼梯问题。

（2）输入：楼梯的层数 n 的值。

（3）输出：走到第 n 层的走法。

```
int step(int n)
  {
     int s[n+1],i;
     s[1] = 1;
     s[2] = 2;
     for (i = 2; i<= n; i++)          //计算并存储每个子问题的解
       s[i] = s[i-1] + s[i-2];
     return s[n];                     //返回到达第 n 层的走法
  }
```

【例 5.8】跳石板问题。

问题描述：有一条石板路，每块石板都有编号，依次是 1、2、3、…。在这条石板路上前进需要依据特殊的规则：设当前所在石板的编号为 h，单次只能往前跳 t 步（t 是 h 的因子，但其中不含 1 和 h），跳到 $h+t$ 的位置。假设当前所在石板的编号为 s，请设计算法，求出要想跳到编号为 e 的石板，最少需要跳跃几次。

例如：

当 $s=4$、$e=24$ 时，跳跃路径为

$$4 \to 6 \to 8 \to 12 \to 18 \to 24$$

因此，从 4 号石板跳到 24 号石板最少需要跳跃 5 次。

解题思路如下：

动态规划法需要存储各个子问题的解，因此定义数组 w，长度为 $e-s+1$，包括起点与终点。数组中的元素表示从起点到达该点所需的最小跳跃次数，初始状态下起点为 0，数组中的其他元素为 MAX，表示不可达。

接下来遍历每一块石板（数组中的每一个元素）：先判断当前数组元素的值是否是 MAX。如果是，表示不可达，跳出当前循环；如果不是，表示可达，此时求解当前石板编号的因子集合。接着遍历当前石板编号的因子集合，计算从当前石板到每一个因数对应的下一块石板的最小跳跃次数（当然在求解之前需要先判断下一个石板的编号是否或小于等于 t，如不满足，就跳过本次循环）。最小跳跃次数是对应下一个数组元素值与当前数组元素值加 1 中的较小值。如果要跳到的石板之前没有经过，则对当前数组元素值加 1 即可；如果要跳到的石板之前经过，则比较之前经过该石板时的步数和当前数组元素值加 1 的大小，取小者。

（1）假设 $w(i)$ 为从起点到达编号为 i 的石板所需的最小跳跃次数。

（2）状态转移方程如下：

```
w(i+j)= min(w(i)+1, w(i+j))          //i 为石板编号，j 为 i 的因子
```

算法设计如下：

```
int jump(int s,int e)
```

（1）功能：求解跳石板问题。

（2）输入：起始石板的编号 s，终点石板的编号 e。

（3）输出：最少跳跃次数。

```
int jump(int s,int e)
  {
    int w[e-s+1],i,j;
    w[s]=0;
    for(int i=s+1;i<=e;i++)                                   //初始化
       w[i]= MAX;
    for(i=s;i<=e;i++)
       {
         if(w[i] == MAX)
           { continue; }
          for(j=2;j<=sqrt(i);j++)
           {
             if(i%j == 0)
                {
                  if(i+j <= e)
                     {w[i+j] = min(w[i]+1,w[i+j]); }
                  if(i+(i/j) <= e)
                     { w[i+(i/j)] = min(w[i]+1,w[i+(i/j)]); }
                }
           }
       }
    if (w[e] == MAX)
       { w[e] = -1; }
    return w[e];                                              //返回最少跳跃次数
  }
```

5.5 本章小结

（1）动态规划法的基本思想：将待求解的问题按阶段分解成若干子问题，而后按照顺序求解各阶段的子问题，前一阶段子问题的解能够为后一阶段子问题的求解提供信息。在求解任一阶段的子问题时，会列出所有可能的局部解，通过决策保留那些有可能达到最优的局部解。依次解决各阶段的子问题，最后一个阶段子问题的解就是初始问题的解。

（2）分析与设计动态规划法的基本步骤包括：确定状态、确定状态转移方程和通过各个阶段的最优解来构造问题的最优解。

习题 5

一、填空题

1. 动态规划法和分治法在分解子问题方面的不同之处在于________。

2. 矩阵连乘问题的求解可由________算法实现。

3. 动态规划法的基本思想是将待求解问题分解成________，先求解________，然后从________得到原问题的解。

4. 最长公共子序列算法运用的算法策略是________。

5. 实现最大子段和运用的算法策略是________。

6. 若序列 A={F,C,E,D,F,C,D}、B={E,C,F,E,F,D,C,D}，请写出两者的一个最长公共子序列________。

二、问答题

1. 简述动态规划法的概念。
2. 简述设计动态规划法的一般步骤。
3. 简述动态规划法与分治法的异同。
4. 什么叫最优子结构性质?

三、应用题

1. 小林要出去旅游，他有一个容量为 6kg 的行李箱，可以装入的物品清单如表 5.22 所示。请绘制最优决策表以决定携带哪些物品能使价值最高。

表 5.22　可装入物品的清单

物品	重量（kg）	价值（元）
水	3	10
象棋	1	3
食物	2	9
外套	2	5
摄像机	2	6

2. 写出使用动态规划法求解图 5.6 实例的过程，并求出最优值。各边的代价如下：$C(1,2)=3$，$C(1,3)=5$，$C(1,4)=2$，$C(2,6)=8$，$C(2,7)=4$，$C(3,5)=5$，$C(3,6)=4$，$C(4,5)=2$，$C(4,6)=1$，$C(5,8)=4$，$C(6,8)=5$，$C(7,8)=6$。

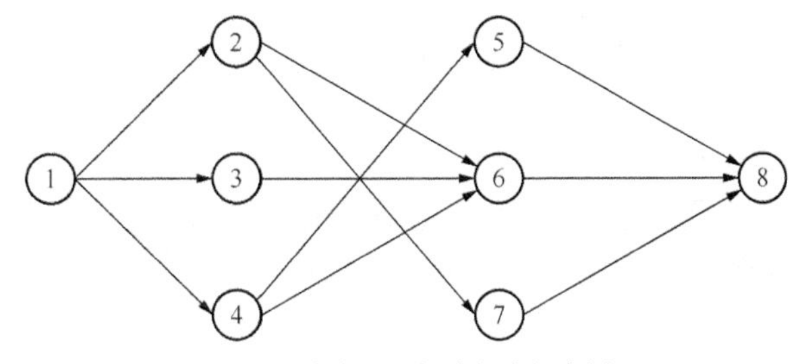

图 5.6　多段图最短路径求解实例

四、算法设计题

1. 小林准备参加一场考试，考试的题目一共有 n 道，小林需要达到 60%的准确率才能通过考试。考完试后，小林估算出每道题正确的概率，分别是 $p_1,p_2,\cdots,p_n$。请设计算法，求出自己通过考试的概率。

2. 有一幢 100 层的大厦，小东有两颗玻璃珠，大厦里有一个临界楼层。在这个楼层上或是比该楼层高的楼层上，往下扔玻璃珠一定会碎；而在比该楼层低的楼层上，往下扔玻璃珠就不会碎。请设计算法，找出这个临界楼层。

3. 现有一根长度为 n 的绳子，请把绳子剪成 m 段（已知 m 和 n 都是整数，$n>1$ 且 $m>1$），假设每段绳子的长度分别为 $t_1,t_2,\cdots,t_m$，设计算法，求 $t_1\times t_2\times\cdots\times t_m$ 的可能最大乘积。

4. 丑数是指只包含因子 2、3 和 5 的数，例如 15 和 8 都是丑数，但 22 不是，因为 22 还有因子 11。1 是第一个丑数，请设计算法，求出按从小到大顺序排列的第 n 个丑数。

5. 有 n 个学生站成一排，每个学生都手拿一个号牌，现在从这 n 个学生中按顺序挑选 t 名学生，要求相邻两个学生的位置编号差不能超过 e。请设计算法，求出所能获得编号的最大乘积。

6. 已知一个 $M\times N$ 的矩阵，它的子矩阵是指由该矩阵中某些行和某些列的交叉位置组成的新矩阵，要求保持行与列的相对顺序，请用动态规划法找出子矩阵中所有元素加起来之和最大的子矩阵。

7. Ackermann 函数 $A(m, n)$的递推式如下：

$$A(m,n)=\begin{cases} n+1 & m=0 \\ A(m-1,1) & m>0,n=0 \\ A(m-1,A(m,n-1)) & m>0,n>0 \end{cases}$$

请运用动态规划策略设计算法，要求算法的空间复杂度为 $O(m)$。

实训 5

1. 实训题目

（1）现有 n 堆石子，每堆石子里都有一定数量的石子且排列在一条直线上，要求每一次只能将相邻的两堆石子合并，合并的费用即为两堆石子的总数。求把所有石子合并成一堆石子的最小代价。

输入描述：

输入两行数据：每堆石子的数量和石子堆数 n。

输出描述：

输出最小代价。

（2）小兰购买了一盒糖果，盒子中一共有 t 颗糖果，但是盒子上 t 的有些数字位有些看不清，现在要保证将这些糖果平分给 n 个小朋友。请设计算法，求出 t 有多少种可能的取值。

输入描述：

输入两行数据：数值 t，模糊的数位用 X 表示，长度小于 18（可包含多个模糊的数位）；人数 n。

输出描述：

输出 t 可能的数值种数。

（3）某景点管理处在一条河上设置了 n 个船舶出租处，游客可在其中任何船舶出租处租用船舶，并到下游的任何船舶出租处归还游艇。船舶出租处 i 到船舶出租处 j 之间的租金为 $c(i,j)$，请设计算法，求出从船舶出租处 1 到船舶出租处 n 所需的最少租金。

输入描述：

输入两行数据：$n-1$ 个数值，表示各船舶出租处之间的租金；船舶出租处的个数 n。

输出描述：

输出 t 可能的数值种数。

2. 实训目标

（1）理解动态规划法的含义。

（2）熟悉和掌握动态规划法解题的基本步骤。

3. 实训要求

（1）设计出求解问题的算法。

（2）对设计的算法采用大 O 符号进行算法的时间复杂度分析。

（3）上机实现算法。

6 Chapter

第 6 章

回溯法

本章导读：

回溯法是对蛮力法的改进，是有组织的搜索。它基于两个特征来组织搜索过程：一是在求解问题的过程中只有满足约束条件的解才是可行解，二是只有满足目标函数的解才是最优解。如此能够避免不必要的重复搜索，提高搜索效率。

（1）了解问题的解空间的概念；

（2）理解回溯法的基本思想；

（3）掌握回溯法的算法分析与设计步骤。

6.1 回溯法概述

现实中存在很多问题。没有高效的算法，求解这些问题只能使用蛮力法，也就是使用穷举搜索的方式来解决。在搜索过程中，蛮力法会生成问题所有的可能解，之后再判断其解是否满足约束条件，但蛮力法普遍效率较低，尤其是在处理规模较大的问题时，耗费时间较长。回溯法是对蛮力法的改进，是一种有组织的搜索。它基于下面两个特征来组织搜索过程：一是在求解问题的过程中只有满足约束条件的解才是可行解，二是只有满足目标函数的解才是最优解。如此能够避免不必要的重复搜索，提高搜索效率。回溯法每次只构造可能解的一部分，接着用约束条件进行判断。如果满足条件，再对其进一步构造，这样就能够避免搜索所有的可能解，节省时间。

6.1.1 问题的解空间

1. 解空间的概念

问题的解空间是指问题的所有可能解构成的集合。复杂问题的解通常是由若干决策步骤组成的决策序列，假设问题的解由解向量 $X=\{x_1,x_2,\cdots,x_n\}$组成，其中分量 x_i表示第 i 个决策步骤的操作，x_i的所有可能取值的组合叫作问题的解空间。

例如，在 0-1 背包问题中，x_i有 0 和 1 两种可能的取值，当 n=3 时，0-1 背包问题的解空间如下。

```
{(0,0,0), (0,0,1), (0,1,0), (0,1,1),
(1,0,0), (1,0,1), (1,1,0), (1,1,1)}
```

当 n=4 时，0-1 背包问题的解空间如下：

```
{(0,0,0,0), (0,0,0,1), (0,0,1,0), (0,0,1,1),
(0,1,0,0), (0,1,0,1), (0,1,1,0), (0,1,1,1),
(1,0,0,0), (1,0,0,1), (1,0,1,0), (1,0,1,1),
(1,1,0,0), (1,1,0,1), (1,1,1,0), (1,1,1,1)}
```

当问题的规模为 n 时，有 2^n种可能的解。

可能解的表示：等长向量 $X=(x_1, x_2,\cdots, x_n)$，其中分量 $x_i(1\leqslant i\leqslant n)$的取值范围是某个有限集合 $S=\{a_1, a_2,\cdots, a_j\}$，所有可能的解向量就构成了问题的解空间。

2. 解空间树

问题的解空间一般采用树的方式来组织，称为解空间树。解空间树中的各个结点能够确定所解问题的状态。

（1）第 1 层：树的根结点，代表搜索的初始状态。

（2）第 2 层结点：表示对解向量的第 1 个分量做出选择后到达的状态。

（3）第 1 层到第 2 层的边：标出对第 1 个分量选择的结果。

依此类推，通常情况下，从根结点到叶子结点的路径就构成了解空间的一个可能解。

在解空间中，满足约束条件的解称为可行解，在约束条件下使目标达到最优的可行解称为问题的最优解。例如在背包问题中，有 2^n 种可能解，一部分是可行解，而可行解中只有一个或几个最优解。

例如，在 0-1 背包问题中，当 n=3 时，解空间树如图 6.1 所示。第 1 层到第 2 层的边表示对物品 1 的选择，左分支的 1 表示装入物品 1，右分支的 0 表示不装入物品 1。第 2 层到第 3 层的边表示对物品 2 的选择，左分支的 1 表示装入物品 2，右分支的 0 表示不装入物品 2。第 3 层到第 4 层的边表示对物品 3 的选择，左分支的 1 表示装入物品 3，右分支的 0 表示不装入物品 3。树中的 8 个叶子结点分别代表问题的 8 个可能解。

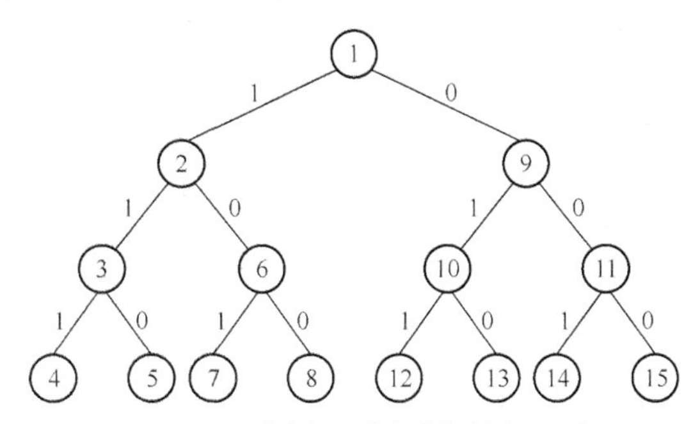

图 6.1　0-1 背包问题的解空间树（n=3）

6.1.2　回溯法的基本思想

回溯法是有组织的，在不断探索的过程中寻找问题的解。当探索到某一步时，发现不满足约束条件的时候，就回退一步，而后重新选择，继续尝试其他的路径。这种方法就叫作回溯法，满足回溯条件的某个状态的点称为“回溯点”。

在解空间树中，回溯法从初始状态（根结点）出发，遵循深度优先遍历策略，探索满足约束条件的解。在探索到树中的某一结点时，会先判断该结点的对应解是否满足约束条件，即判断该结点是否包含问题的解。如果不满足条件，就不再对以该结点为根的子树进行探索，称为剪枝；如果满足条件的话，再进入以该结点为根的子树，继续按照深度优先遍历策略进行探索。

例如，在 0-1 背包问题中，已知 n=3，背包容量为 20kg。物品清单如表 6.1 所示。

表 6.1　物品清单

物品	重量（kg）	价值（元）
1	15	30
2	10	20
3	5	50

该问题的解空间树以及从根结点出发的搜索过程如表 6.2 所示。

表 6.2　搜索解空间树时参数的变化

层数	结点	x 的取值	总重量（kg）	总价值（元）	备注
1	1	–	0	0	起始状态
2	2	x_1=1	15	30	继续搜索
3	3	x_1=1,x_2=1	25	50	总重量>20kg，终止搜索
4	4	x_1=1,x_2=1, x_3=1	–	–	不可行解
4	5	x_1=1,x_2=1, x_3=0	–	–	不可行解

续表

层数	结点	x 的取值	总重量（kg）	总价值（元）	备注
3	6	x_1=1,x_2=0	15	30	继续搜索
4	7	x_1=1,x_2=0, x_3=1	20	80	可行解
4	8	x_1=1,x_2=0, x_3=0	15	30	可行解
2	9	x_1=0	0	0	继续搜索
3	10	x_1=0,x_2=1	10	20	继续搜索
3	11	x_1=0,x_2=0	0	0	继续搜索
4	12	x_1=0,x_2=1, x_3=1	15	50	可行解
4	13	x_1=0,x_2=1, x_3=0	10	20	可行解
4	14	x_1=0,x_2=0, x_3=1	5	50	可行解
4	15	x_1=0,x_2=0, x_3=0	0	0	可行解

在搜索解空间树的过程中，可以通过约束条件剪去得不到可行解的子树，以及通过目标函数剪去得不到最优解的子树，避免无效搜索，我们称这个过程为剪枝。一般用约束函数在结点处剪去不满足约束条件的子树，用限界函数剪去得不到最优解的子树，如图 6.2 所示。

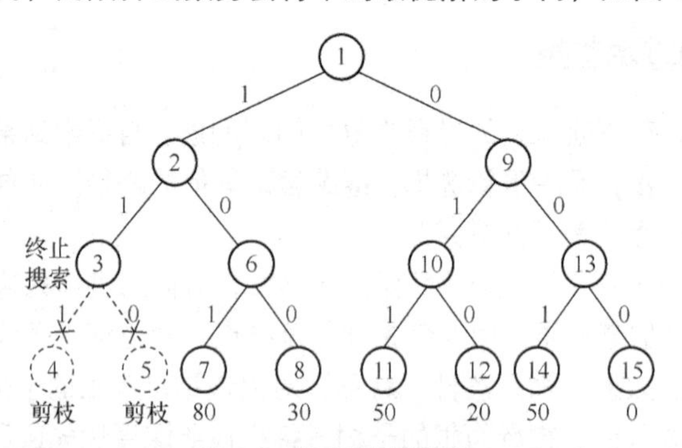

图 6.2　解空间树的剪枝

如图 6.2 所示，有 6 个可行解，其中最优解是 80，表示背包中装入物品的最大价值是 80 元。由 x_1=1、x_2=0、x_3=1 可知，装入的物品是物品 1 和物品 3。

在使用回溯法求解问题的时候，有两种常用的解空间树。

（1）子集树。适用情景：从 n 个元素的集合中找出满足某种性质的子集，特征是树中的每个结点具有相同数目的子树，如果每个结点都有 2 个子树，则解空间树中共有 2^n 个叶子结点。

（2）排列树。适用情景：确定 n 个元素满足某种性质的排列。在排列树中，特征是排列树中共有 $n!$ 个叶子结点。

使用回溯法解题的步骤是：

（1）针对所给问题，确定问题的解空间。

（2）确定解空间树的结点搜索规则。

（3）以深度优先方式搜索解空间树，并在搜索过程中剪枝，避免无效搜索。

6.1.3　0-1 背包问题

问题描述：给定承重为 C 的背包和 n 件物品，已知物品 i 的重量是 w_i、价值为 v_i。求解的问题是：如何选择装入背包的物品，使得装入背包中物品的总价值最大。

（1）假设 x_i 表示物品 i 装入背包的情况，解向量为 $\boldsymbol{X}=(x_1, x_2,\cdots, x_n)$，$x_i$ 的取值只有 0 和 1。当 $x_i=0$ 时表示物体 i 没被装入背包，当 $x_i=1$ 时表示物体 i 整个被装入背包。

（2）约束条件：背包的承重为 C，因此装入背包的物品的总重量不得超过 C。

$$\sum_{1\leqslant i\leqslant n} w_i x_i \leqslant C$$

（3）问题的求解目标：背包中物品的总价值最大。

$$\max\sum_{i=1}^{n} v_i x_i$$

1. 解题思路

使用回溯法求解 0-1 背包问题，首先确定问题的解空间树。树中的每个结点都代表背包的一种状态，可以在每个结点中存放当前背包装入物品的总重量和总价值。每个结点的下面有两个分支，表示对某个物品是否放入背包的两种可能选择。例如，对于第 i 层上的某个结点，左下方的分支表示物品 i 装入背包，此时背包中物品的总重量增加了 $w[i]$，总价值增加了 $v[i]$；右下方的分支表示物品 i 不装入背包，此时背包的重量和价值不发生变化。在搜索过程中，可用约束条件进行判断，剪去无法获得可行解的分支，避免无效搜索。所有的可行解都在叶子结点中，最后根据目标函数从中找出最优解。

例如，在 0-1 背包问题中，已知 $n=4$，背包的承重为 8kg。物品清单如表 6.3 所示。

表 6.3　物品清单

物品	重量（kg）	价值（元）
1	3	4
2	2	3
3	6	5
4	1	2

解空间树如图 6.3 所示。

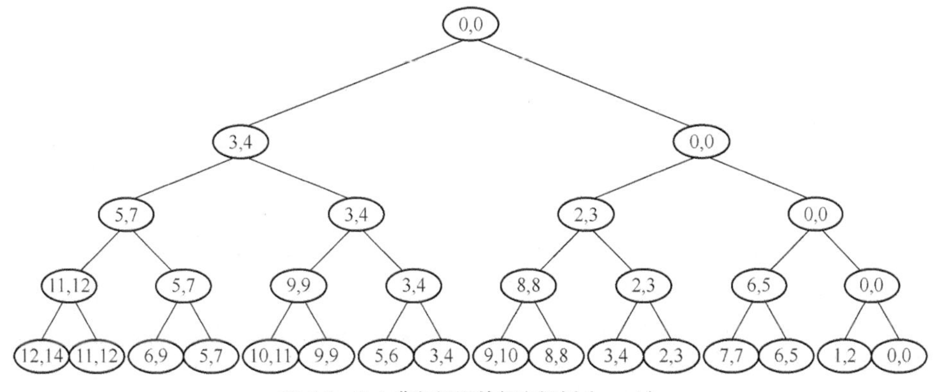

图 6.3　0-1 背包问题的解空间树（$n=4$）

2. 算法设计

（1）算法 1

```
void bag(int w[],int v[],int c,int n,int i,int lw,int lv,int per[])
  {
     int j;
     if (i>n)
       {
          if (lw<=c && lv>maxv)                     //找到一个更优解
            {
              maxv=ltv;
              maxw=lw;
              for (j=1;j<=n;j++)
                    x[j]= per[j];
            }
       }
     else                                           //继续搜索
       {
         per[i]=1;                                  //装入第 i 个物品
         bag(w,v,c,n,i+1,lw+w[i],lv+v[i], per);
         per[i]=0;                                  //不装入第 i 个物品，回溯
         bag(w,v,c,n,i+1,lw,lv, per);
       }
  }
```

如图 6.2 所示，解空间树中的有些分支结点的总重量已超过背包容量 c，无须再继续搜索了，可以在此处设置约束函数：装入背包的物品的重量之和小于 c。运用它对解空间树进行剪枝，剪枝后的解空间树如图 6.4 所示。

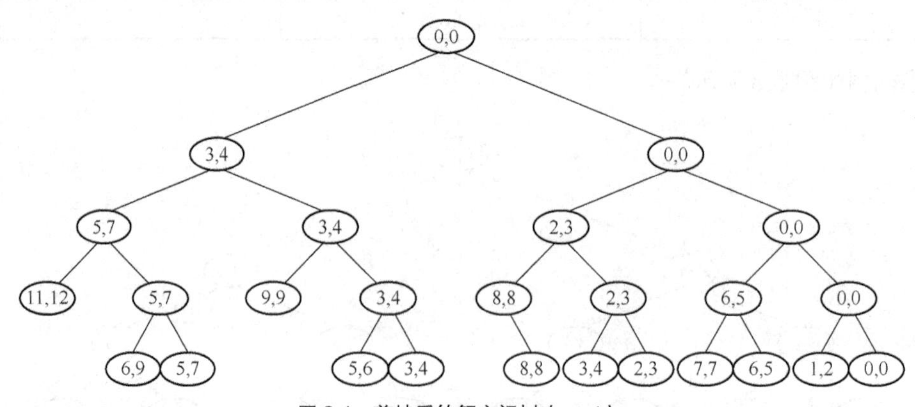

图 6.4　剪枝后的解空间树（n=4）

（2）算法 2

```
void bag(int w[],int v[],int c,int n,int i,int lw,int lv,int per[])
```

```
{
    int j,m;
    if (i>n)
      {
        if (lw<=c && lv>maxv)                    //找到一个更优解
          {
            maxv=lv;
            maxw=lw;
            for (j=1;j<=n;j++)
                x[j]= per[j];
          }
        }
     else                                        //继续搜索
        {
         if (lw+w[i]<c)                          //剪枝：满足条件时才装入第 i 个物品
          {
              per[i]=1;                          //装入第 i 个物品
              bag(w,v,c,n,i+1,lw+w[i],lv+v[i], per);
          }
         per[i]=0;                               //不装入第 i 个物品，回溯
         bag(w,v,c,n,i+1,lw,lv, per);
        }
}
```

6.2 回溯法示例

【例 6.1】子集和问题。

问题描述：现有正整数集 $z=(z_1,z_2,\cdots,z_n)$，其中各数据元素的值不相等，给定正数 c，请设计算法；找出 z 的子集 t，使子集 t 中所有元素的和等于 c。

例如，已知 $n=4$，$z=(16,12,28,7)$，$c=35$。

所求子集为（16,12,7）和（28,7）。

解题思路如下：

本题采用回溯法求解。首先构造解空间树，如图 6.5 所示：第 1 层到第 2 层的边表示对元素 z_1 的选择，左分支的 1 表示选择 z_1，右分支的 0 表示不选择 z_1；第 2 层到第 3 层的边表示对元素 z_2 的选择，左分支的 1 表示选择 z_2，右分支的 0 表示不选择 z_2；第 3 层到第 4 层的边表示对元素 z_3 的选择，左分支的 1 表示选择 z_3，右分支的 0 表示不选择 z_3；第 3 层第 4 层的边表示对元素 z_4 的选择，左分支的 1 表示选择 z_4，右分支的 0 表示不选择 z_4。树中的 15 个叶子结点分别代表问题的 15 个可能解。

为了求解子集和问题，需要搜索整个解空间树，解向量 $X=(x_1,x_2,\cdots,x_n)$，当搜索到叶子结点的时候，计算子集和。如果所得结果为 c，就输出 X。在搜索过程中，设置约束函数进行剪枝，假设 tz 表示已选取整数的和、rz 表示余下整数的和。

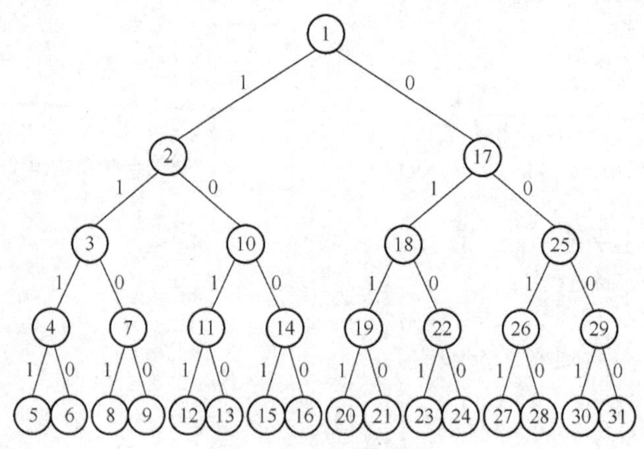

图 6.5 0-1 子集和问题的解空间树（$n=4$）

约束函数：判断当前整数 z_i 加入后的子集和是否小于 c，如果小于就继续搜索，否则结束搜索。

限界函数：如果某个结点的 tz+rz<c，表示无解，结束搜索。

从根结点出发，对解空间树的搜索过程如表 6.4 所示。

表 6.4 搜索解空间树时参数的变化

层数	结点	子集	tz	rz	备注
1	1	{}	0	63	起始状态
2	2	{16}	16	47	继续搜索
3	3	{16,12}	28	35	继续搜索
4	4	{16,12,28}	56	7	tz>35，终止搜索
5	5				不可行解
5	6				不可行解
4	7	{16,12}	28	35	继续搜索
5	8	{16,12,7}	35	28	可行解
5	9	{16,12}	28	35	不可行解
3	10	{16}	16	47	继续搜索
4	11	{16,28}	44	19	tz>35，终止搜索
5	12				不可行解
5	13				不可行解
4	14	{16}	16	47	继续搜索
5	15	{16,7}	23	40	不可行解
5	16	{16}	16	47	不可行解
2	17	{}	0	63	继续搜索
3	18	{12}	12	51	继续搜索
4	19	{12,28}	40	23	tz>35，终止搜索
5	20				不可行解
5	21				不可行解

续表

层数	结点	子集	tz	rz	备注
4	22	{12}	12	51	继续搜索
5	23	{12,7}	19	44	不可行解
5	24	{12}	12	51	不可行解
3	25	{}	0	63	继续搜索
4	26	{28}	28	35	继续搜索
5	27	{28,7}	35	28	可行解
5	28	{28}	28	35	不可行解
4	29	{}	0	63	继续搜索
5	30	{7}	7	56	不可行解
5	31	{}	0	63	不可行解

算法设计如下：

```
void sub(int z[],int tz,int rz,int x[],int i)
  {
     int j;
     if (i>n)                                //找到一个叶子结点
        {
           if (tz==c)                        //找到一个解
              for(j=1;j<=n;j++)
                 printf("%d",x[i]);
        }
     else                                    //继续搜索
        {
           rz-=z[i];
           if (tz+z[i]<=c)                   //约束函数
             {
               x[i]=1;                       //选取第 i 个整数
               sub(z,tz+z[i],rz,x,i+1);
             }
           if (tz+rz>=c)                     //限界函数
             {
               x[i]=0;                       //回溯
               sub(z,tz,rz,x,i+1);
             }
        }
  }
```

【例6.2】装载问题。

问题描述：现有 n 个集装箱，要装上两艘轮船，轮船的载重分别为 c_1 和 c_2，已知集装箱 i 的重量为 w_i，且 $w_1+w_2+\cdots+w_n\leqslant c_1+c_2$。请设计算法，找出一个合理的装载方案以将全部集装箱装上这两艘轮船。

解题思路如下：

（1）先将第一艘轮船尽可能装满。

（2）而后将剩余的集装箱装在第二艘轮船上。

采用回溯法，将第一艘轮船尽可能装满相当于选取所有集装箱的一个子集，使该子集中的集装箱重量之和尽可能接近 c_1，和背包问题有些类似。问题描述如下：

（1）设 x_i 表示集装箱 i 装入轮船 1 的情况，解向量为 $\boldsymbol{X}=(x_1, x_2,\cdots, x_n)$，$x_i$ 的取值只有 0 和 1。当 x_i=0 时表示物体 i 没被装入轮船 1，当 x_i=1 时表示物体 i 整个被装入轮船 1。

（2）约束条件：轮船 1 的载重是 c_1，因此装入轮船 1 的集装箱总重量不得超过 c_1，$(w_1x_1+w_2x_2+\cdots+w_ix_i)\leqslant c_1$，可以用于解空间树的剪枝。

（3）问题的求解目标：装入轮船 1 的集装箱总重量最大，$\max(w_1x_1+w_2x_2+\cdots+w_ix_i)$。

搜索该问题的解空间树，给出以下两个剪枝函数。

（1）约束条件：当搜索到第 i 层的结点时，设 cw 为当前结点已有的轮船载重。当满足 cw+w[i]$\leqslant c_1$ 时继续搜索左子树，否则将该结点的子树删去。

（2）限界函数：当搜索到某个结点时，设 bw 为当前最优载重，rest 为剩余集装箱的重量，当 cw + rest> bw 时，继续搜索右子树，否则将该结点的右子树剪去。

算法设计如下：

算法 load(int i,int x[],int w[],int n)

（1）功能：求解装载问题。

（2）输入：存储集装箱重量的数组 w[]，i 和 n 的值。

（3）输出：存储集装箱装入状态的数组 x[]。

```
void load(int i,int x[],int w[],int n)
  {
     int j;
     int bw = 0;
     int rest = 0;
     int cw = 0;
     int bestx[n];
     for (j = 1; j <= n; j++)
          rest += w[i];
     if(i > n)
       {
          if(cw > bw)
             {
                for(int i = 1; i <= n; ++i)
                    bestx[i] = x[i];
                bestw = cw;
             }
          return;
       }
     rest -= w[i];
```

```
        if(cw + w[i] <= c1)                              //约束条件
          {
             cw += w[i];
             x[i] = 1;
             load(i + 1);
             x[i] = 0;
             cw -= w[i];
          }
        if(cw + rest > bw)                               //限界函数
          {
             x[i] = 0;
             load(i + 1);
          }
        rest += w[i];
   }
```

【例 6.3】求解迷宫问题。

问题描述：给定 m 行 × n 列的迷宫图，求从指定入口到出口的所有可行路径。现有一张迷宫图，如图 6.6 所示，m=7，n=8，外围是一圈围墙，能够防止在查找时出界。整个迷宫由两种方块构成，白色方块代表可以走的通道，灰色方块代表不可以走的障碍物。要求求出的路径必须是简单路径，当中不能重复出现同一空白方块，规定从每个方块出发只能走向上、向下、向左和向右这四个相邻的空白方块。

解题思路如下：

对于迷宫中的每一个方块，都有上下左右相邻的四个方块，如图 6.7 所示。假设第 i 行第 j 列的方块的位置记为(i,j)，为了搜索有序，现规定上方方块的方位是 0，并按顺时针方向递增编号，左方方块的方位是 1，下方方块的方位是 2，右方方块的方位是 3。在搜索过程中，将从方位 0 到方位 3 的方向查找下一个可走的方块。

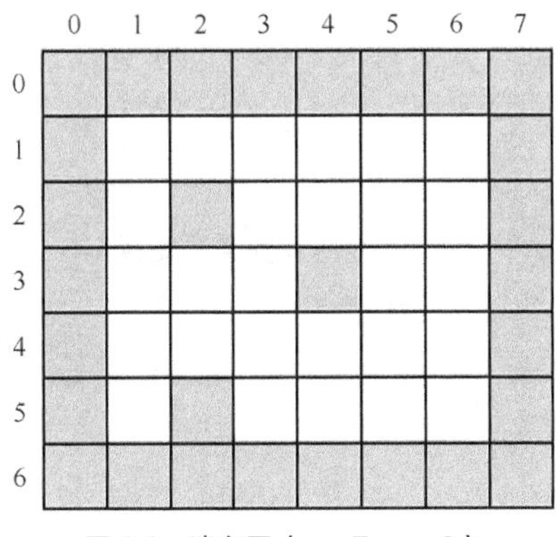

图 6.6　迷宫图（m=7，n=8）

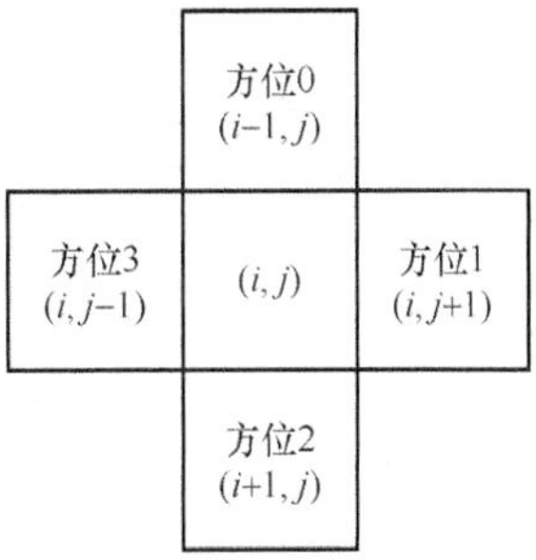

方位0 $(i-1, j)$

方位3 $(i, j-1)$　(i, j)　方位1 $(i, j+1)$

方位2 $(i+1, j)$

图 6.7　搜索方位图

在从起点方块（xs, ys）找到一个可走的相邻方块（xs, ys+1）后，接下来要求解的问题就是从方块（xs, ys+1）到出口（xe, ye）的路径，显然这个问题是原有问题的子问题，可以使用递归技术。

算法设计如下：

```
void path(int a[m][n],int xs,int ys,int xe,int ye, Type path)
```

（1）功能：求解迷宫问题。

（2）输入：xs、ys、xe、ye、*a*[*m*][*n*]的值。

（3）输出：（xs,ys）到（xe,ye）的所有路径。

```
void path(int a[m][n],int xs,int ys,int xe,int ye, Type path)
    {
      int di,i,j;
      if (xs==xe && ys==ye)                        //找到了出口
         {
            path.data[path.length].i=xs;
            path.data[path.length].j=ys;
            path.length++;
            display(path);                         //输出路径
         }
      else                                         //继续搜索
        {
            if (a[xs][ys]==0)                      //如果(xs,ys)是可走的方块
              {
                  di=0;
                  while (di<4)                     //找到(xs,ys)四周的相邻方块
                    {
                        path.data[path.length].i = xs;
                        path.data[path.length].j = ys;
                        path.length++;
                        switch(di)
                        {
                          case 0:i=xs-1; j=ys;   break;
                          case 1:i=xs;   j=ys+1; break;
                          case 2:i=xs+1; j=ys;   break;
                          case 3:i=xs;   j=ys-1; break;
                        }
                   mg[xs][ys]=-1;                  //避免重复路径
                   mgpath(mg,i,j,xe,ye,path);
                   mg[xs][ys]=0;                   //恢复(xs,ys)为可走的方块
                   path.length--;
                   di++;
              }
            }
         }
    }
```

【例 6.4】图着色问题。

问题描述：现有无向连通图 $G=(V, E)$，要求对 G 中的各个顶点着色，规则是只要任意两个

相邻顶点的着色不一样，就能够得到满足条件的最少颜色数。

解题思路如下：

假设满足条件的最少颜色数是 k，图 G 的顶点个数是 n，图的着色可以描述为 $D=(d_1, d_2,\cdots, d_n)$，其中，$d_i\in\{1, 2,\cdots, k\}(1\leqslant i\leqslant n)$ 表示顶点 i 的颜色。

例如，当 k=3、n=5 时，(1, 2, 1, 3, 1)就其中一种着色方案，含义是：

顶点 1—颜色 1，顶点 2—颜色 2，顶点 3—颜色 1，顶点 4—颜色 3，顶点 5—颜色 1。

如果用 k 种颜色给 n 个顶点的无向连通图 G 着色，则有 k^n 种可能的着色组合。

该问题的解空间树是一个层数为 $n+1$ 的完全 k 叉树。树中的每一个分支结点都有 k 个孩子结点，问题可能的解都在叶子结点上，叶子结点的个数是 k^n，当 k=2、n=4 时，解空间树如图 6.8 所示。

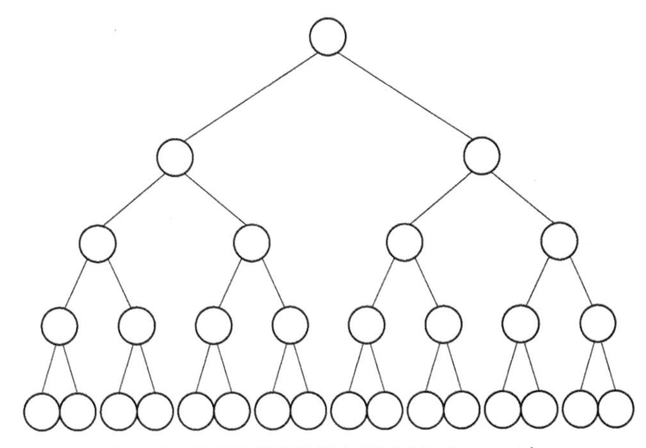

图 6.8　图着色问题的解空间树（k=2，n=4）

在搜索解空间树时，如果从根结点到当前结点的所有颜色都没有冲突，则在当前结点处选择最左边的子树继续搜索，为下一个顶点着色，否则转到它的兄弟子树继续搜索，也就是为当前顶点着色。如果所有 k 种颜色都已尝试过并且都会冲突，则回溯到当前结点的父结点处，改变上一顶点的颜色，再依照上述方法继续搜索。其中的约束条件是：$c[i]\neq c[j]$（顶点 i 与顶点 j 相邻接）。

算法设计如下：

```
void color(int n, int a[ ][ ], int k)
```

（1）功能：求解图着色问题。

（2）输入：n、k、$a[\ ][\ ]$的值。

（3）输出：在屏幕上输出图中顶点的着色情况。

```
void color (int n, int a[ ][ ], int k)
  {
    bool t;
    int i, c[n] , j=1;
    for (i=1; i<=n; i++ )
       c[i]=0;
    while (j>=1)
     {
```

```
        color[j]=color[j]+1;
        while (color[j]<=k)
          {
            for (i=1; i<j; i++)
              if (c[j][i]= =1 && color[i]= =color[j])
                  t= false;
              else
                  t= true;
            if (t==true)
              break;
            else
              color[j]=color[j]+1;                    //搜索下一个颜色
          }
      if (color[j]<=k&& j= =n)                        //求解完成
        {
           for (i=1; i<=n; i++)
                printf("%d", c[i]);
           return;
        }
      else if (color[j]<=k && j<n)
           j=j+1;                                     //处理下一个顶点
      else
        {
           color[j]=0;
           j=j-1;                                     //回溯
        }
      }
  }
```

【例 6.5】*n* 皇后问题。

问题描述：八皇后问题是一个古老的问题，说的是在 8×8 的国际象棋棋盘上摆放八个皇后，使其不能互相攻击，其中任意两个皇后都不能处于同一行、同一列或同一斜线上，如图 6.9 所示。

图 6.9 八皇后问题示意图

八皇后问题可以扩展到 n 皇后问题，在 $n\times n$ 的国际象棋棋盘上摆放 n 个皇后，使其中任意两个皇后都不能处于同一行、同一列或同一斜线上。

解题思路如下：

首先，在棋盘的每一行上都能够且必须摆放一个皇后，此时可以用向量 $\boldsymbol{X}=(x_1, x_2,\cdots, x_n)$ 来表示 n 皇后问题的可能解，其中 $1\leqslant i\leqslant n$ 且 $1\leqslant x_i\leqslant n$，表示将第 i 个皇后放在第 i 行的第 x_i 列上。

根据题目要求，两个皇后是不能放在同一列的，因此约束条件是：$x_i\neq x_j$，还有就是两个皇后不能放在同一斜线上。假设两个皇后摆放的位置分别是(i, x_i)和(j, x_j)，在棋盘上斜率为-1 的斜线上，满足条件 $i-j=x_j-x_i$；在棋盘上斜率为 1 的斜线上，满足条件 $i-j= x_i-x_j$，因此约束条件是：$|i-j|\neq|x_i-x_j|$。

下面以四皇后问题为例，分析 n 皇后问题的求解过程。

四皇后问题的解空间：向量 $\boldsymbol{X}=(x_1, x_2, x_3, x_4)$表示四皇后的布局，其中 x_i表示第 i 行皇后的列位置，x_i的取值范围 $S_i=\{1,2,3,4\}$，有 4^4 个可能的解，其解空间树是一个完全 4 叉树。约束条件是：

（1）$x_i\neq x_j$　　　对列的约束

（2）$|i-j|\neq|x_i-x_j|$ 对斜线的约束

四皇后问题的解空间树如图 6.10 所示：从树的根结点开始搜索，从第 1 层结点到第 2 层结点对应皇后 1 在棋盘中第 1 行的可能摆放位置，从第 2 层结点到第 3 层结点对应皇后 2 在棋盘中第 2 行的可能摆放位置，从第 3 层结点到第 4 层结点对应皇后 3 在棋盘中第 3 行的可能摆放位置，从第 4 层结点到第 5 层结点对应皇后 4 在棋盘中第 4 行的可能摆放位置。

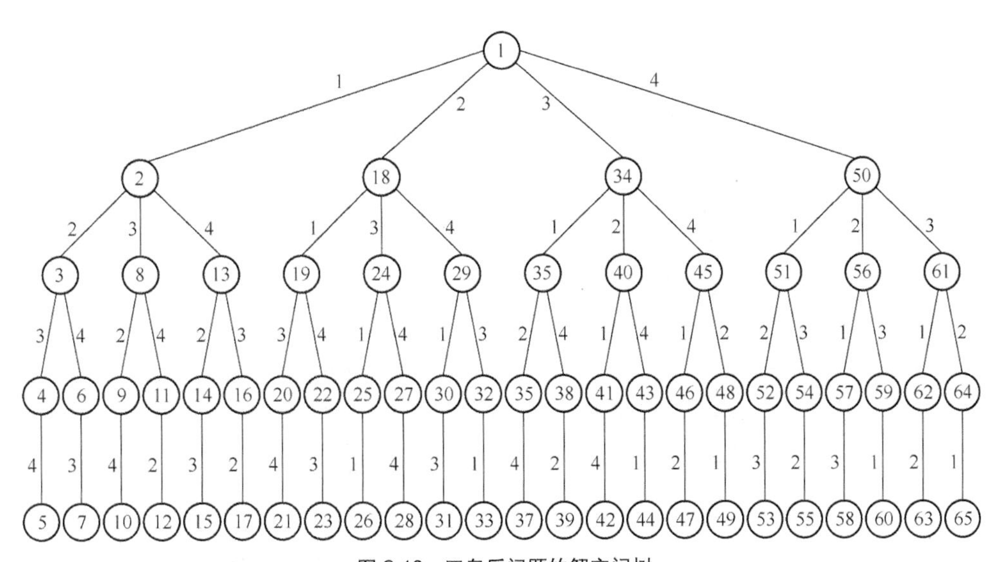

图 6.10　四皇后问题的解空间树

图 6.11 展示了在四皇后问题中寻找第一个解的过程。

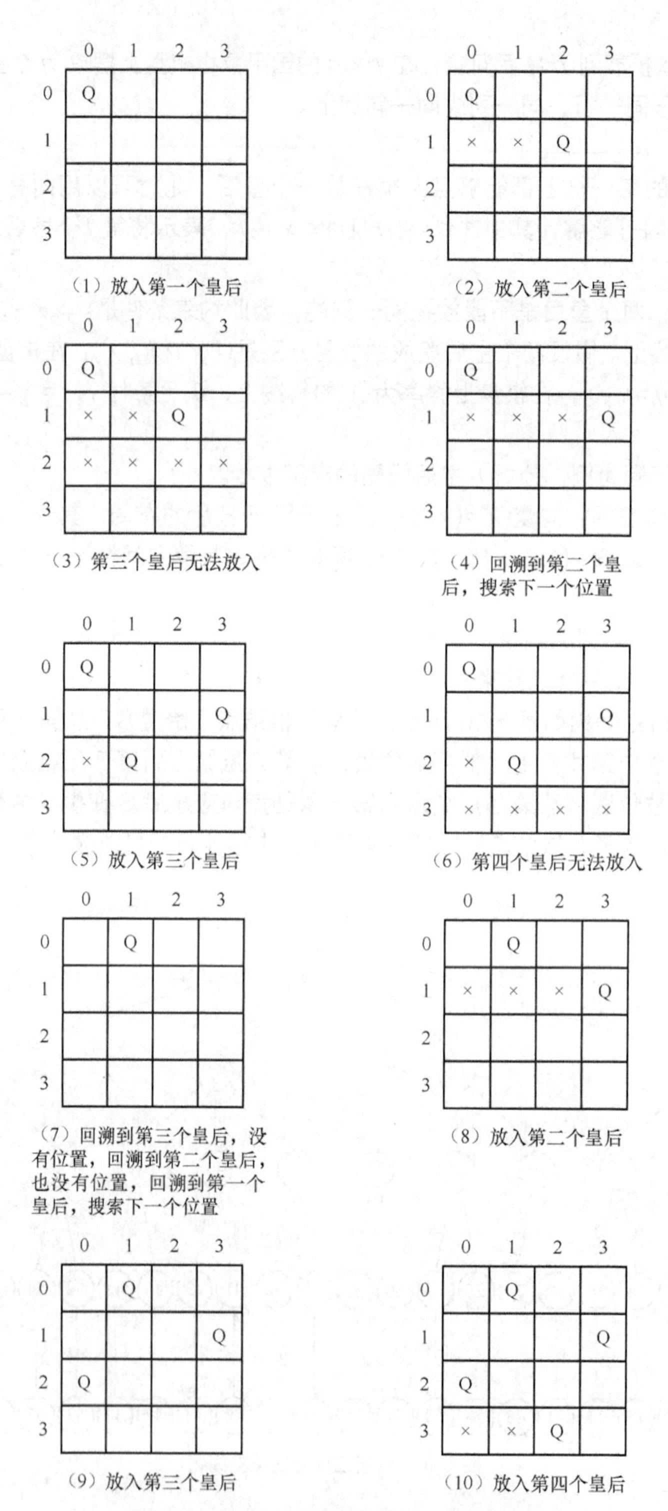

图 6.11　在四皇后问题中寻找第一个解的过程

算法设计如下：

```
void Queens(int n)
```

```
    {
       int q[n];
       int i=1;
       q[i]=0;
       while (1)
        {
           q[i]=q[i]+1;
           while (q[i]<=n && !place(i))          //搜索结点(k,q[k])
              q[i]=q[i]+1;
           if (q[i]<=n)
             {
                  if (i==n)                      //找到合适的位置
                     dispaly(n);
                  else
                  {
                     i++;
                     q[i]=0;
                  }
             }
          else                                   //回溯
             {
                if (i==1)
                    exit(0);
                i--;
             }
        }
    }
```

6.3 本章小结

（1）回溯法的基本思想：有组织地在不断探索的过程中寻找问题的解，当探索到某一步时，发现不满足约束条件的时候，就回退一步，而后重新选择，继续尝试其他路径，满足回溯条件的某个状态的点称为“回溯点”。

（2）解空间的概念：一个问题的所有可能解构成的集合。复杂问题的解通常是由若干决策步骤组成的决策序列，问题的解由解向量 $\boldsymbol{X}=\{x_1,x_2,\cdots,x_n\}$组成，其中分量 x_i表示第 i 个决策步骤的操作，x_i的所有可能取值的组合叫作问题的解空间。

习题 6

一、填空题

1. 回溯法在问题的解空间树中，按________策略，从根结点出发搜索解空间树。

2. 用回溯法解 0-1 背包问题时，问题的解空间结构为________结构。

3. 用回溯法解批处理作业调度问题时，问题的解空间结构为________结构。

4. 动态规划法的两个基本要素是________性质和________性质。

5. 用回溯法搜索解空间树时，常用的两种剪枝函数为________和________。

6. 用回溯法求解旅行售货员问题时的解空间树是________。

7. 图的 m 着色问题可用________法求解，其解空间树中叶子结点个数是________，解空间树中每个内结点的子结点数是________。

8. ________是回溯法中为避免无效搜索采取的策略。

9. 用回溯法求解问题时，应明确定义问题的解空间，至少应包含________。

10. 对 0-1 背包问题运用动态规划法的时间复杂度为________，运用回溯法的时间复杂度为________。

二、问答题

1. 简述回溯法的基本思路。
2. 简述回溯法解题的一般步骤。
3. 回溯法的搜索特点是什么?
4. 用回溯法求解哈密顿环，如何定义判定函数?
5. 简述用回溯法搜索子集树的算法策略。

三、算法设计题

1. 有两个都包含 n 个整数的数据序列 a 和 b，序列元素无序。请设计算法，交换序列 a 和 b 中的元素，使序列 a 中元素总和与序列 b 中元素总和之间的差值最小。

2. 假设现在有 9999 张牌，小张和另外两个人去拿，每次可以拿 1～5 张牌，从你先开始拿，请设计算法，保证自己拿到最后一张牌。

3. 请绘制用回溯策略求解 4 皇后问题的解空间树和搜索空间树。

4. 用回溯策略求解 0-1 背包问题：假设有 4 个物品，重量和价值如表 6.5 所示。背包承重为 100kg，请绘制出解空间树，求出最优解。

表 6.5　物品信息

物品	重量（kg）	价值（元）
1	35	10
2	30	40
3	60	30
4	50	50

5. 现在有一个 39 级的楼梯，假设每次只能跨上 1 个或 2 个台阶，先迈出左脚，再左右脚交替往上走，最后一步迈右脚，要迈偶数步。请设计算法，求出共有多少种走法。

6. 假设某一机器是由 n 个配件组成的，每一种配件都有 t 个不同的厂家出售，设 w_{ij} 表示从厂家 j 处采购的配件 i 的重量，v_{ij} 表示对应的价格。请设计算法，求出总价不超过 c 且总重量最轻的机器。

7. 假设有 m 个程序{1, 2, 3,⋯, m}要存放在长度为 T 的磁带上。程序 i 存放在磁带上的长度是 T_i, $1\leqslant i\leqslant m$。现在要找出这 m 个程序在磁带上的存储方案，想要在磁带上存储尽可能多的程序，还希望磁带的利用率尽可能高。请设计算法，让磁带的利用率达到最大。

8. 将 n 块电路板插入带有 n 个插槽的机箱，n 块电路板的不同排列对应不同的电路板插入方案，请运用回溯策略设计算法，求解电路板插入方案。

实训 6

1. 实训题目

（1）有一批（共 n 个）货物要装上两艘载重分别为 c_1 和 c_2 的轮船，其中货物 i 的重量为 w_i，请设计算法，找出一个合理的装载方案，将这 n 个集装箱装上这两艘轮船。

输入描述：

输入两行数据：c_1 和 c_2 的数值，以及货物 1,⋯, n 的重量。

输出描述：

装载方案。

（2）现有一个承重为 c 的背包，有 n 件物品可以挑选，物品 i 的重量是 w_i、价值为 v_i，请运用回溯法，挑选物品使得装入背包的物品的总价值最大。

输入描述：

输入三行数据：c 的值，货物 1,⋯, n 的重量，以及货物 1,⋯, n 的价值。

输出描述：

装入背包的物品。

2. 实训目标

（1）理解回溯法的含义。
（2）熟悉和掌握回溯法解题的基本步骤。
（3）掌握算法的时间复杂度的分析方法。

3. 实训要求

（1）设计出求解问题的算法。
（2）对设计的算法采用大 O 符号进行算法的时间复杂度分析。
（3）上机实现算法。

7 Chapter

第 7 章

分支限界法

本章导读：

分支限界法与回溯法一样，也是对蛮力法的改进，是有组织的搜索。它的基本思想是在搜索的过程中，对已经处理过的每个结点根据限界函数估算目标函数，选取能够取得最优解的结点以进行广度优先搜索，如此不断地调整搜索方向，提高搜索效率。

（1）理解分支限界法的基本思想；

（2）理解运用分支限界策略解决典型应用问题的思想；

（3）掌握分支限界法的算法分析与设计步骤。

7.1 分支限界法概述

分支限界法和回溯法一样，都是对蛮力法的改进，它们都通过有组织地搜索解空间来获取问题的解。回溯法运用深度优先策略遍历问题的解空间树，应用约束条件和目标函数进行剪枝，避免无效搜索；而分支限界法则运用广度优先策略遍历问题的解空间树，在搜索的过程中，对已经处理的每一个结点根据限界函数估算目标函数的可能取值，然后从中选取能够使目标函数取得最优值的结点优先进行广度优先搜索，如此不断调整搜索方向，提高搜索效率，以求尽快找到问题的解。

7.1.1 分支限界法的基本思想

1. 分支限界法与回溯法的区别

（1）搜索组织方法不同。回溯法以深度优先策略搜索解空间树，而分支限界法则以广度优先策略搜索解空间树，深度优先搜索与广度优先搜索的对比如图 7.1 所示。

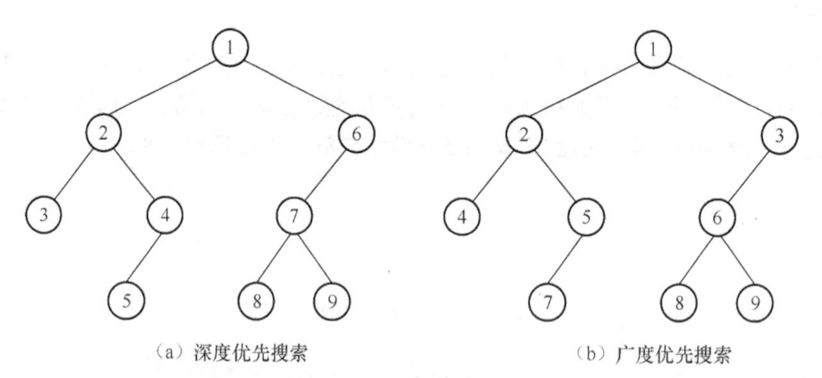

图 7.1　深度优先搜索与广度优先搜索的对比

（2）避免无效搜索的方法不同。回溯法在搜索过程中使用约束条件、目标函数等剪枝函数进行剪枝，避免无效搜索；分支限界法在搜索过程中对已经处理的每一个结点根据限界函数估算目标函数的可能取值，从中选取使目标函数取得极值的结点优先进行广度优先搜索，从而不断调整搜索方向，尽快找到问题的解。

（3）子结点的扩展方式不同。回溯法通过依次遍历子结点的形式来扩展结点；分支限界法则建立活结点表，选取能够使目标函数的值达到极值的结点进行扩展，运用目标函估算所有可行子结点数的可能取值，如过界就丢弃，否则加入活结点表，而后重复此搜索过程，直到找到最优解。

2. 分支限界法的基本思想

（1）“分支”策略。对问题的解空间采用广度优先搜索策略，依次搜索活结点的所有分支，即所有相邻结点。然后选择下一个活结点，继续搜索。

（2）“限界”策略。用启发信息剪枝以加快搜索速度，在每一个活结点处，计算限界函数值，使搜索向着解空间树中有最优解的分支推进，以求尽快找到最优解。

3. 分支限界法的解题过程

（1）定义问题的解空间并确定组织结构。

（2）先确定合理的限界函数，再由限界函数确定目标函数的界限[down, up]。

（3）创建活结点表，在初始状态下将根结点放入。

（4）当活结点表不为空时，选取限界最优的结点作为扩展结点，运用目标函数估算所有可行子结点数的可能取值，判断是否能够得到可行解。

① 如果得到可行解，将能够得到的可行解与当前最优解做比较并更新最优解，而后据此将限界值低于最优解的活结点移出活结点表，返回（4）。

② 如果得不到可行解，转向（5）。

（5）判断扩展结点的所有子结点是否满足约束条件，不满足的就剪枝，满足条件的根据限界函数计算限界，对于限界低于当前最优解的丢弃，高于当前最优解的添加到活结点表，返回（4）。

4. 使用分支限界法求解问题的关键

（1）限界函数的确定。限界函数的功能是估算结点目标函数的取值。选择的限界函数要便于计算，还要能够保证最优解就在搜索空间中，并尽可能早地对超出目标函数的结点进行剪枝，减少搜索空间。限界函数的确定是个难点，需要对具体的问题进行分析后才能确定。

（2）最优解中各个分量的确定。分支限界法对问题的解空间树中结点的处理是跳跃式的，因此当搜索到最优解时，无法求得最优解中的各个分量。为此可以对各个扩展结点保存根结点到扩展结点的路径，在搜索过程中构建搜索经过的树结构，求得最优解后，再从叶子结点不断回溯到根结点，得到各个分量。

5. 选取扩展结点的方式

（1）队列式分支限界法。按照队列先进先出的原则从活结点表中选取扩展结点，初始状态下，将根结点入队作为扩展结点。从左到右依次检查扩展结点的子结点，将满足约束条件的放入活结点队列，再选择队头结点作为扩展结点，直到找到最优解或活结点表为空为止。

（2）优先队列式分支限界法。采用优先队列来存储活结点。在选取扩展结点的时候，优先选择优先级最高的活结点。推进搜索向着解空间树中有最优解的分支前进，旨在尽快地找出最优解。如果没找到，则继续从活结点表中选择优先级最高的作为扩展结点，如此重复，直到找到最优解或活结点表为空为止。

下面将以 0-1 背包问题为例，分别采用上面两种方式来选取扩展结点。

7.1.2　0-1 背包问题

假设有 A、B、C、D 共 4 件物品，重量分别为 2kg、3kg、4kg、5kg，价值分别为 12、6、16、15，背包承重 C 为 10kg。求将物品放入背包中所能获得的最大价值。物品清单如表 7.1 所示。

表 7.1　物品清单

商品	重量（kg）	价值（元）
A	2	12
B	3	6
C	4	16
D	5	15

1. 队列式分支限界法

（1）求解思路

确定限界函数：k=ct+rt>maxt，ct 表示当前已装入背包的物品的总价值，rt 为第 t+1～第 n 种物品的总价值，maxt 为当前最大价值。

（2）搜索过程

① 创建活结点表 T，初始状态下将根结点放入。

② 根结点出队：扩展其所有相邻结点，结点 2 的 ct=12、rt=37、k=12+37=49>0，将结点 2 加入活结点表 T 中，结点 2 入队，更新 maxt=12；结点 3 的 ct=0、rt=37、k=0+37=37>12，将结点 3 加入活结点表 T 中，结点 3 入队。

③ 结点 2 出队：扩展其所有相邻结点，结点 4 的 ct=18、rt=31、k=18+31=49>12，将结点 4 加入活结点表 T 中，结点 4 入队，更新 maxt=18；结点 5 的 ct=12、rt=31、k=12+31=43>18，将结点 5 加入活结点表 T 中，结点 5 入队。

④ 结点 3 出队：扩展其所有相邻结点，结点 6 的 ct=6、rt=31、k=6+31=37>18，将结点 6 加入活结点表 T 中，结点 6 入队；结点 7 的 ct=0、rt=31、k=0+31=31>18，将结点 7 加入活结点表 T 中，结点 7 入队。

⑤ 结点 4 出队：扩展其所有相邻结点，结点 8 的 ct=34、rt=15、k=34+15=49>18，将结点 8 加入活结点表 T 中，结点 8 入队，更新 maxt=34；结点 9 的 ct=18、rt=15、k=18+15=33<34，不满足限界条件，不再扩展。

⑥ 结点 5 出队：扩展其所有相邻结点，结点 10 的 ct=28、rt=15、k=28+15=43>34，将结点 10 加入活结点表 T 中，结点 10 入队；结点 11 的 ct=12、rt=15、k=12+15=27<34，不满足限界条件，不再扩展。

⑦ 结点 6 出队：扩展其所有相邻结点，结点 12 的 ct=21、rt=15、k=21+15=36>34，将结点 12 加入活结点表 T 中，结点 12 入队；结点 13 的 ct=6、rt=15、k=6+15=21<34，不满足限界条件，不再扩展。

⑧ 结点 7 出队：扩展其所有相邻结点，结点 14 的 ct=15、rt=0、k=15<34，不满足限界条件，不再扩展；结点 15 的 ct=0、rt=0、k=0<34，不满足限界条件，不再扩展。

⑨ 结点 8 出队：扩展其所有相邻结点，结点 16 的总重量>10kg，不满足约束条件，舍弃；结点 17 的 ct=34、rt=0、k=34，是可行解。

⑩ 结点 10 出队：扩展其所有相邻结点，结点 18 的总重量>10kg，不满足约束条件，舍弃；结点 19 的 ct=28、rt=0、k<34，不满足限界条件。

⑪ 结点 12 出队：扩展其所有相邻结点，结点 20 的总重量>10kg，不满足约束条件，舍弃；结点 21 的 ct=21、rt=0、k<34，不满足限界条件，结束搜索，最优解是 34。

2. 优先队列式分支限界法

（1）解题思路

① 首先，将给定物品按单位重量价值从大到小排序，结果如表 7.2 所示。

② 应用贪心策略求出近似解（0, 1, 1, 0），背包的最大价值是 31。

③ 限界函数：

$$u_b = v + (C - w) \times (v_{i+1} / w_{i+1})$$

④ 确定目标函数的上下界。

将贪心法求出的近似解作为下界，考虑在最好情况下（也就是说，在背包中装入单位价值最高的物品），就可以将背包装满，根据限界函数计算上界 $u_p = 10 \times 6 = 60$，目标函数的上下界为[31，60]。

表 7.2　物品单位重量价值排序

商品	重量（kg）	价值（元）	单位重量价值
A	2	12	6
C	4	16	4
D	5	15	3
B	3	6	2

（2）搜索过程（如图 7.2 所示）

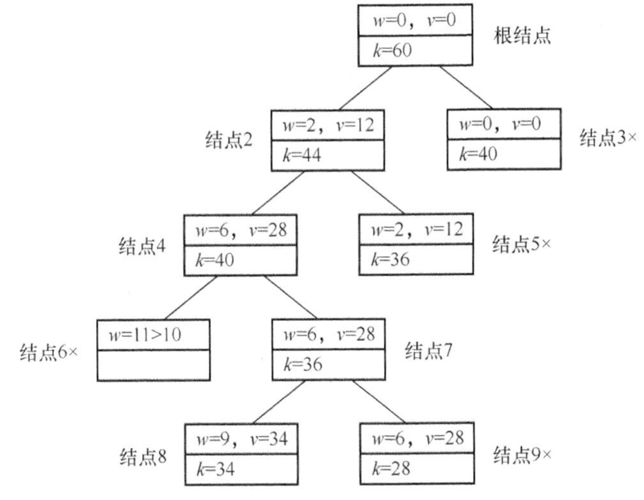

图 7.2　优先队列式分支限界法的搜索过程

① 创建活结点表 T，初始状态下将根结点放入。

② 根结点：此时没有物品可以装入背包，w=0、v=0、k=0+(10–0)×6=60。

③ 结点 2：表示物品 A 装入背包的情况下，w=2、v=12、k=12+(10–2)×4=44，将结点 2 加入活结点表 T 中。

④ 结点 3：表示在物品 A 不装入背包的情况下，w=0、v=0、k=0+(10–0)×4=40<44，丢弃结点 3，继续从活结点表中取出结点 2，继续搜索。

⑤ 结点 4：表示在物品 C 装入背包的情况下，w=6、v=28、k=28+(10–6)×3=40，将结点 4 加入活结点表 T 中。

⑥ 结点 5：表示在物品 C 不装入背包的情况下，w=2、v=12、k=12+(10–2)×3=36<40，丢弃结点 5，从活结点表中取出结点 4，继续搜索。

⑦ 结点 6：表示在物品 D 装入背包的情况下，w=11>10，不满足约束条件，丢弃结点 6。

⑧ 结点 7：表示在物品 D 不装入背包的情况下，w=6、v=28、k=28+(10–6)×2=36，将结点 6 加入活结点表 T 中，接着再从活结点表中取出结点 6，继续搜索。

⑨ 结点 8：表示在物品 B 装入背包的情况下，w=9、v=34、k=34+(10−6)×0=34，将结点 7 加入活结点表 T 中。

⑩ 结点 9：表示在物品 B 不装入背包的情况下，w=6、v=28、k=28+(10−6)×0=28<34，丢弃结点 9。

⑪ 从活结点表中取出结点 7，结束搜索，最优解是 34。

（3）算法实现

```
#include <stdio.h>
double maxv;                              //背包的最大价值
int mx[20];                               //存放最优解
int count=1;
typedef struct
  {  int no;                              //编号
     int i;                               //搜索空间中的层次
     int w;                               //总重量
     double v;                            //总价值
     int x[20];                           //解向量
     double ub;                           //上界
  } EType;                                //结点类型
typedef struct
  {  EType data[50];
     int num;
  } HType;                                //堆类型
void cp(int a[],int b[],int t)
  {  int j;
     for (j=1;j<=t;j++)
          b[j]=a[j];
  }
void ecopy(EType a, EType &b)             //复制结点
  {  b.no=a.no;
     b.i=a.i;
     b.ub=a.ub;
     b.w=a.w;
     b.v=a.v;
     cp(a.x,b.x,a.i);
  }
void swap(EType &a, EType &b)             //交换结点
  {  EType t;
     ecopy(a, t);
     ecopy(b, a);
     ecopy(t, b);
  }
void delHeap(HType &h,EType &e)           //删除堆顶结点
  {  int i,j;
     bool d=false;
     ecopy(h.data[1],e);
     ecopy(h.data[h.num],h.data[1]);
     h.num--;
```

```
      i=1;
      j=2*i;
      while (!d && j<=h.num)
       {  if (j<h.num && h.data[j].ub<h.data[j+1].ub)
                j++;
          if (h.data[i].ub<h.data[j].ub)
            {   swap(h.data[i],h.data[j]);
                i=j;
                j=2*i;
            }
           else d=true;
       }
  }
void insertHeap(HType &h,EType e,int n)              //插入结点
  {  bool d=false;
      int j;
      if (e.i==n)
       {    if (e.v>maxv)
             {    maxv=e.v;
                  cp(e.x,mx,n);
             }
       }
      else
       {    h.num++;
            ecopy(e,h.data[h.num]);
            j=h.num;
            if (j!=1)
             {    while (!d && j!=1)
                   {  if(h.data[j].ub>h.data[j/2].ub)
                           swap(h.data[j],h.data[j/2]);
                      else
                           d=true;
                      j=j/2;
                   }
             }
       }
  }
void bound(int w[],int v[],int W,int n,EType &e)     //计算结点e的上界
  {  int i=e.i+1;
      int sw=e.w;
      double sv=e.v;
      while ((sw+w[i]<=W) && i<=n)
       {   sw+=w[i];
           sv+=v[i];
           i++;
       }
      if (i<=n)
            e.ub=sv+(W-sw)*v[i]/w[i];
      else
```

```
            e.ub=sv;
  }
void knap(int w[],int v[],int W,int n)                  //求解 0-1 背包问题
  {  int j;
     int ew=0,ev=0;
     HType h;
     h.num=0;
     EType e,e1,e2;
     e.i=0;
     e.w=0; e.v=0;
     e.no=count++;
     for (j=1;j<=n;j++)
          e.x[j]=0;
     bound(w,v,W,n,e);
     insertHeap(h,e,n);
     while (h.num!=0)
      {   delHeap(h,e);
          if (e.w+w[e.i+1]<=W)
           {     e1.no=count++;
                 e1.i=e.i+1;
                 e1.w=e.w+w[e1.i];
                 e1.v=e.v+v[e1.i];
                 cp(e.x,e1.x,e.i);
                 e1.x[e1.i]=1;
                 bound(w,v,W,n,e1);
                 insertHeap(h,e1,n);
           }
          e2.no=count++;
          e2.i=e.i+1;
          e2.w=e.w; e2.v=e.v;
          cp(e.x,e2.x,e.i);
          e2.x[e2.i]=0;
          bound(w,v,W,n,e2);
          if (e2.ub>maxv)
                 insertHeap(h,e2,n);
      }
  }
void main()
  {  int n,W;
     int w[]={2,4,5,3}; n=4;
     int v[]={12,16,15,6}; W=10;
     knap(w,v,W,n);
     printf("装入总价值%g\n",maxv);
  }
```

7.2 分支限界法示例

【例 7.1】电路布线问题。

问题描述：印刷电路的布线区域是由 $n \times m$ 个方格组成的阵列，请设计算法，求出方格 a 的中点到方格 b 的中点的最短布线方案。要求在布线的时候，只能沿直线或直角布线，如图 7.3 所示，我们对已布线的方格做了标记，其他线路不能从这些方格中穿过。

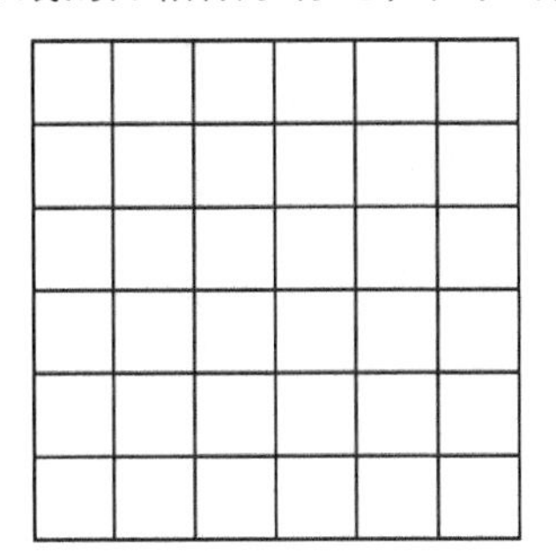

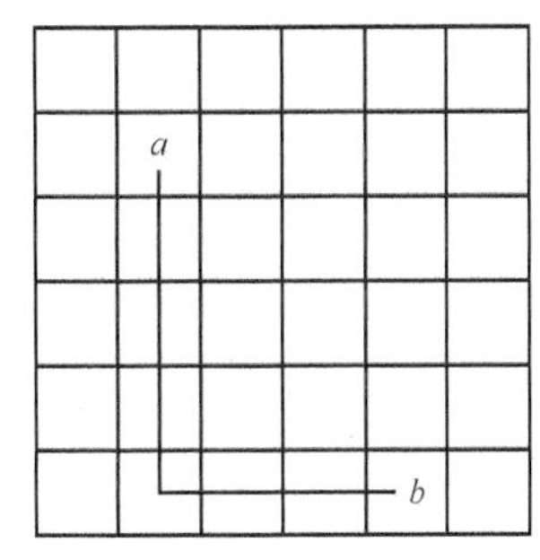

图 7.3　电路布线问题

如图 7.4 所示，灰色方格表示已布过线的区域，图 7.4 中的线路是从起始方格 a 到目标方格 b 的最短布线方案。

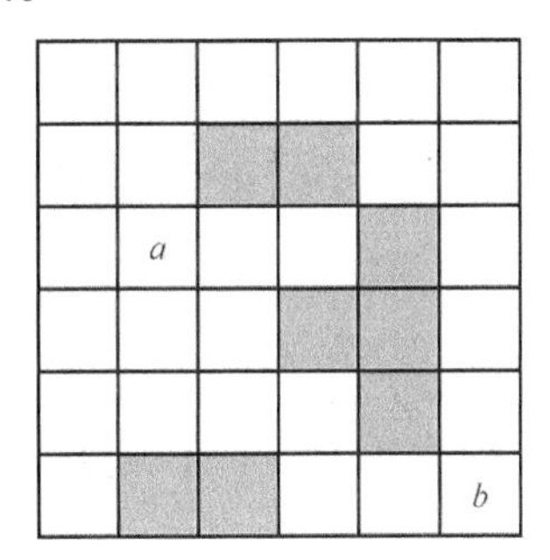

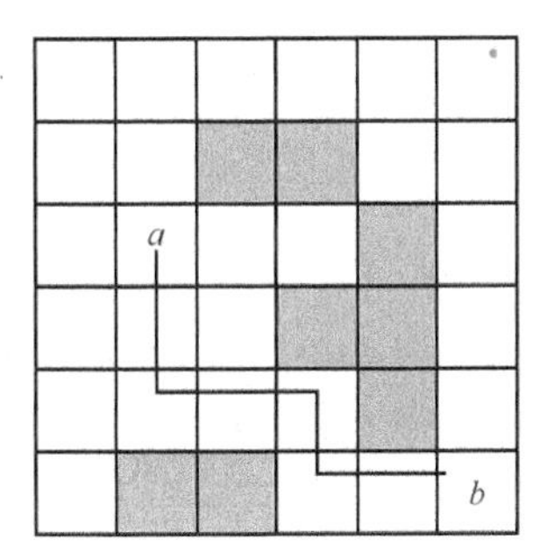

图 7.4　最短布线方案

解题思路如下：

本题运用队列式分支限界法来求解，该问题的解空间是一个图。首先将起始方格 a 作为第一个扩展结点，将与该结点相邻并可达的方格放入活结点队列，再将这些方格标记为 1，表示从起始方格 a 到这些方格的距离为 1。然后从活结点队列中取出队头结点作为下一个扩展结点，将与该结点相邻且没有被标记过的方格标记为 2，并放入活结点队列。重复搜索过程，直到找到方格 b 或活结点队列为空时为止。

起始方格 a 的坐标是（3,2），目标方格 b 的坐标是（6,6），标记距离和求解最优解的过程如图 7.5 所示，a 到 b 的最短距离是 7。

3	2				
2	1				
1	a	1			
2	1	2			
3	2	3	4		
4			5	6	b

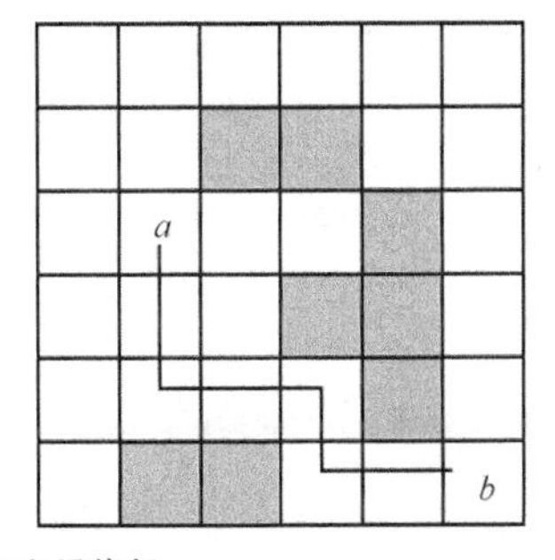

图 7.5　标记距离和最优解

算法设计如下：

```
bool FindPath(Pt start,Pt finish,int& Len,Pt * &path)
```

（1）功能：求解电路布线问题。

（2）输入：start、finish 的值。

（3）输出：最短布线方案路径。

```
bool FindPath(Pt start,Pt finish,int& Len,Pt * &path)
  {
     if((start.row == finish.row)&&(start.col == finish.col))
      {
         Len = 0;
         return true;
      }
      for(int i=0;i<=m+1;i++)                                   //设置方格阵列的围墙
        {
          g[0][i] = g[n+1][i] = 1;
        }
       for(int i=0;i<=n+1;i++)
        {
          g[i][0] = g[i][m+1] = 1;                              //左侧和右侧
        }
       Pt of[4];
       of[0].row = 0;    of[0].col = 1;                          //右
       of[1].row = 1;    of[1].col = 0;                          //下
       of[2].row = 0;    of[2].col = -1;                         //左
       of[3].row = -1;    of[3].col = 0;                         //上
       int NumOfNbs = 4;                                         //相邻方格数
       Pt here,nbr;
       here.row = start.row;
       here.col = start.col;
       g[start.row][start.col] = 2;
       LinkedQueue<Position> Q;
       do                                                        //标记可达方格的位置
       {
        for(int i=0;i<NumOfNbs;i++)
          {
            nbr.row = here.row + of[i].row;
            nbr.col = here.col + of[i].col;
            if(g[nbr.row][nbr.col] == 0)                         //该方格未标记
             {
                g[nbr.row][nbr.col] = g[here.row][here.col]+1;
                if((nbr.row == finish.row)&&(nbr.col == finish.col))
                    break;
                Q.add(nbr);
             }
          }
         if((nbr.row==finish.row)&&(nbr.col == finish.col)) //是否到达目标方格
```

```
            breakp;                                    //完成布线
         if(Q.IsEmpty())
            return false;
         Q.Delete(here);
        }while(true);
      Len = g[finish.row][finish.col]-2;
      path = new Pt[Len];
      here = finish;
      for(int j=Len-1 ; j>=0 ; j--)
       {
         path[j] = here;
         for(int i=0 ; i < NumOfNbrs ; i++)
           {
            nbr.row = here.row + of[i].row;
            nbr.col = here.col + of[i].col;
            if(g[nbr.row][nbr.col] == j+2)
                break;
             }
          here = nbr;                                  //向前移动
       }
      return true;
   }
```

【例 7.2】任务分配问题。将 n 个任务分配给 n 个人执行，每个人只能执行一个任务，每个任务也只能让一个人执行。已知第 i 个人执行第 j 个任务的成本是 C_{ij}($1\leqslant i\leqslant n$，$1\leqslant j\leqslant n$)。设计算法，求出成本最小的分配方案。

解题思路如下：

用矩阵来描述任务分配问题，矩阵中的元素 C_{ij} 表示人员 i 执行任务 j 的成本。假设现在有 4 个人 A、B、C、D，任务 1～4，成本矩阵如下：

	任务1	任务2	任务3	任务4	
$C=$	11	21	23	25	人员A
	14	17	20	12	人员B
	13	15	16	11	人员C
	17	13	18	20	人员D

（1）应用贪心策略求出近似解：把任务 1 分配给 A，把任务 3 分配给 B，把任务 2 分配给 C，把任务 4 分配给 D，成本是 11+12+15+18=56。

（2）限界函数：

$$k = v + \sum_{k=i+1}^{n} \text{第}k\text{行的最小值}$$

其中，v 表示为前 1～i 个人分配任务的最低成本。

（3）确定目标函数的上下界

将贪心法求出的近似解作为上界，再根据限界函数计算下界：l_b=11+12+11+13=47，目标函数的上下界为[47, 56]。

搜索过程如图 7.6 所示。

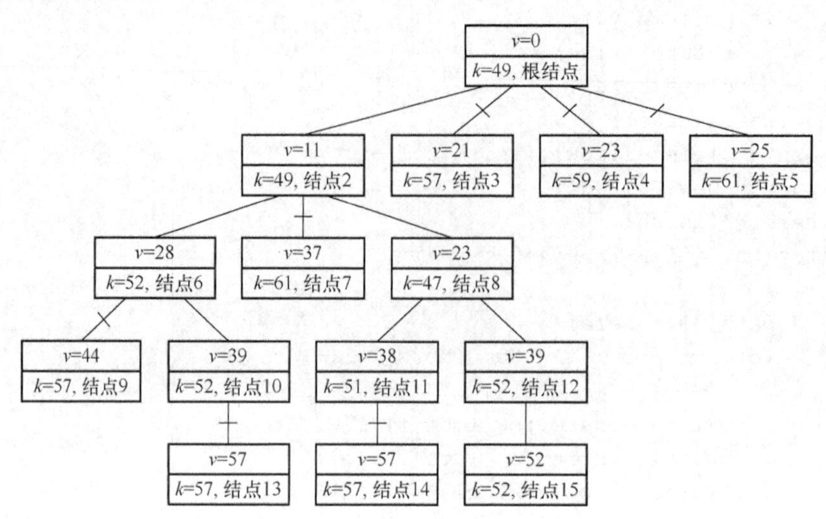

图 7.6　任务分配问题的搜索过程

（1）创建活结点表 T，初始状态下将根结点放入。

（2）根结点：此时没有分配任务，v=0、k=0+(11+12+11+13)=47。

（3）结点 2：表示把任务 1 分配给 A，成本是 11，目标函数值为 11+(12+11+13)=47，将结点 2 加入活结点表 T 中。

（4）结点 3：表示把任务 2 分配给 A，成本是 21，目标函数值为 21+(12+11+13)=57，丢弃结点 3。

（5）结点 4：表示把任务 3 分配给 A，成本是 23，目标函数值为 23+(12+11+13)=59，丢弃结点 4。

（6）结点 5：表示把任务 4 分配给 A，成本是 41，目标函数值为 41+(12+11+13)=77，丢弃结点 5。

（7）结点 6：表示把任务 2 分配给 B，成本是 28，目标函数值为 28+(11+13)=52，将结点 6 加入活结点表 T 中。

（8）结点 7：表示把任务 3 分配给 B，成本是 37，目标函数值为 37+(11+13)=61，丢弃结点 7。

（9）结点 8：表示把任务 4 分配给 B，成本是 23，目标函数值为 23+(11+13)=47，将结点 8 加入活结点表 T 中。

（10）结点 9：表示把任务 3 分配给 C，成本是 44，目标函数值为 44+(13)=57，丢弃结点 9。

（11）结点 10：表示把任务 4 分配给 C，成本是 39，目标函数值为 39+(13)=52，将结点 10 加入活结点表 T 中。

（12）结点 11：表示把任务 2 分配给 C，成本是 38，目标函数值为 38+(13)=51，将结点 9 加入活结点表 T 中。

（13）结点 12：表示把任务 3 分配给 C，成本是 39，目标函数值为 39+(13)=52，将结点 10 加入活结点表 T 中。

（14）结点 13：表示把任务 3 分配给 D，成本是 57，目标函数值为 57，丢弃结点 13。

（15）结点 14：表示把任务 3 分配给 D，成本是 57，目标函数值为 57，丢弃结点 14。

（16）结点 15：表示把任务 2 分配给 D，成本是 52，目标函数值为 52，结束搜索，最优解为 51。

7.3 本章小结

（1）分支限界法的基本思想："分支"策略对问题的解空间采用广度优先方式进行搜索，"限界"策略用启发信息剪枝以加快搜索速度。

（2）分支限界法求解问题的关键是限界函数的确定和最优解中各个分量的确定。

习题 7

一、填空题

1. 用分支限界法解决布线问题时，对问题的解空间进行搜索的结束标志是________。
2. 以广度优先或以最小耗费方式搜索问题解的算法称为________。
3. 最大效益优先是________算法的搜索方式。
4. 使用分支限界策略求解最大团问题时，活结点表的组织形式是________。
5. 使用分支限界策略求解旅行售货员问题时，活结点表的组织形式是________。
6. 使用优先队列式分支限界法选取扩展结点的原则是________。

二、问答题

1. 简述分支限界法的基本思路。
2. 简述分支限界法解题的一般步骤。
3. 简述回溯法与分支限界法的异同。
4. 简述队列式分支限界法和优先队列式分支限界法的含义。

三、算法设计题

1. 根据优先队列式分支限界法，求图 7.7 中从点 v_1 到点 v_9 的单源最短路径，请画出求得最优解的解空间树。

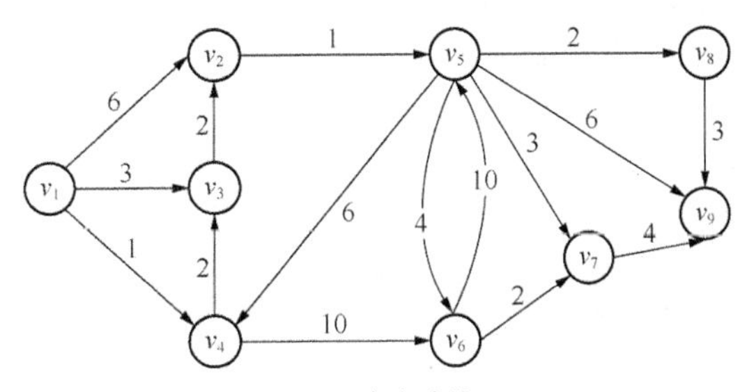

图 7.7　多点路线图

2. 运用分支界限法求解如下 0-1 背包问题：已知物品个数 n=4，背包承重为 15，各物品的重量为{2，4，6，9}，各物品的价值为{10，10，12，18}。对于第 i 层上的各个结点 t，将价值的上界定义为用贪心法求出的一般背包问题的解 Sh(t)，下界 Sl(t)等为 Sh(t)中减去最后放入背包的 $x_i \neq 1$ 的物品的相应价值。

3. 写出用分支界限法求解图 7.8 所示的重排九宫格问题的算法。

开始状态

8	1	2
	6	3
7	5	4

目标状态

1	2	3
8		4
7	6	5

图 7.8 重排九宫格问题

4. 某地要举办一场乒乓球混合双打比赛，球队中男女队员各有 n 人，现已知各队员的竞赛优势，用两个 n 阶方阵 $\boldsymbol{K}$ 和 $\boldsymbol{T}$ 来表示，其中 $\boldsymbol{K}[i][j]$ 是指男队员 i 和女队员 j 组队时男队员的竞赛优势，$\boldsymbol{T}[i][j]$ 是女队员 i 和男队员 j 组队时女队员的竞赛优势。由于各种因素的影响，$\boldsymbol{K}[i][j]$ 不一定等于 $\boldsymbol{T}[j][i]$。男队员 i 和女队员 j 配对组成混合双打的男女双方竞赛优势为 $\boldsymbol{K}[i][j] \cdot \boldsymbol{T}[j][i]$。请设计算法，对于给定的男女运动员竞赛优势，计算男女运动员的最佳配对法，使各组男女双方竞赛优势的总和达到最大。

实训 7

1. 实训题目

现有一个承重为 c 的背包，有 n 件物品可以挑选，物品 i 的重量是 w_i、价值为 v_i，请运用分支限界法设计算法，挑选物品使得装入背包的物品的总价值最大。

输入描述：

输入三行数据：c 的数值，货物 1,⋯, n 的重量以及货物 1,⋯, n 的价值。

输出描述：

装入背包的物品。

2. 实训目标

（1）理解分支限界法的含义。

（2）熟悉和掌握分支限界法解题的基本步骤。

（3）掌握算法的时间复杂度的分析方法。

3. 实训要求

（1）设计出求解问题的算法。

（2）对设计的算法采用大 O 符号进行算法的时间复杂度分析。

（3）上机实现算法。